普通高等教育“十一五”国家级规划教材

高等数学模块化系列教材

WEIJIFEN

总主编 俞瑞钊

微积分

W E I J I F E N

◆ 周 念 王显金 单一峰 编

ZHEJIANG UNIVERSITY PRESS
浙江大学出版社

内容简介

《微积分》是“高职数学模块化系列教材”之一，适合于作经济管理、理工等类各专业的公共课教材。本书只讲解一元微积分的相关知识，计划36课时，2学分。

本书共分为四章：第1章作为预备知识，复习有关函数的基础知识；第2章讲述极限与连续的相关知识；第3章为一元函数微分学；第4章为一元函数积分学。除第1章外，其余三章都是按照概念、计算和应用组织内容。书中打“*”号的内容供学生自学。每节后面都有练习题，每章后面有复习题，用于学生复习巩固所学知识。此外，本书最后附有数学试验（介绍Matlab数学软件在极限、导数和积分运算中的简单应用）、微积分简介、微积分常用公式和习题参考答案。

本书的第1章、第2章、附录2、3、4由周念编写，第3章由王显金编写，第4章和附录1由单一峰编写。

前　言

中国高等教育在“十一五”期间的一个主题是走向内涵发展的道路。对每个高等职业技术学院来讲，最重要的任务除了要建设一支具有相当水平的师资队伍，要构建一个对人才培养必须具备的高效的产学研结合体系之外，就是要有一个与高职定位相吻合的高等职业技术课程体系。这其中，基础课，特别是数学课是我们不可能回避、又是极为重要的课程。

由高等教育的精英阶段发展起来的高等专科学校，数学课遵循的是“必需、够用”的原则。当时，数学基本上就是“微积分”、“线性代数”、“概率论与数理统计”三门课，学时也都在150～200学时之间，内容基础上是本科生内容的简化。当高等教育进入大众化阶段后，高等职业技术学院的定位发生了很大变化，学生生源发生了很大变化。我们培养的人才是社会上各类岗位的技能型、应用型人才，而学生的数学基础明显薄弱，单凭主观想象和判断来对数学内容进行取舍就会遇到许多矛盾。因此，数学课的改革便成为高职教育的重要课题。

“必需、够用”在这种新形势下如何赋予新的内涵，并在此方针下进行数学课的改革是非常重要的。我们以为“必需、够用”不能以数学自身的学科系统来衡量，不能由数学教师的爱好来决定，也不能由学校统一规定课程的学时和内容。“必需、够用”要由每个专业的职业岗位需求来决定，要由每个专业的专业要求来决定，要由学生的实际基础来决定。为此，近几年来，我们进行了数学课的实用化、小型化、模块化的改革探索。这套系列教材便是这种改革的阶段性成果。

本系列教材将高等数学分为5个小型化模块，分别为：《微积分》、《矩阵方法》、《概率与统计方法》、《集合初步》和《图的方法》。除了《微积分》为36学时外，其他课程均为18学时。前三门课程提供给任一专业选择，后两门课主要是为大量的信息类专业选择。为了满足有兴趣并需要提高的学生的要求，我们又组织编写了《应用数学基础》，内容包括多元微积分、微分方程、矩阵特征值与特征向量、矢量代数和空间解析几何、无穷级数等。

本系列教材具有以下鲜明特点：

1. 注重实用性

系列教材力求从实际问题出发，从学生容易理解的角度自然地、直观地引入数学概念和定义，淡化数学严密的理论体系，突出培养学生的知识应用能力；并借助于常用数学软件训练学生的实际动手操作能力，注重数学作为工具的实用性。

2. 小型化、模块化，兼顾包容性和可选择性

我们根据高职院校对数学知识的要求，对数学课内容进行重组，总共设立了5个模块。各专业可根据自己的专业特点和相应职业岗位的需求选择不同的模块进行教学，把“必需、够用”的尺度掌握在各专业自己手中，更好的发挥数学知识为专业服务的功能。同时，每本教材都精选了大量例题，涵盖几何学、经济学、力学、工程学和电学等方面，任课教师可根据专业需要和学生基础选讲其中的合适例题，真正做到因材施教。

3. 注重学生逻辑思维能力的培养

通过数学课如何培养学生的逻辑思维能力仍是一项重要任务。根据高职教育的特点，我们着重直观地讲解推理过程，尽量少用抽象的严格的逻辑，同时通过对学生学习过程中常见错误的纠正，培养学生正确的逻辑思维方法。

如何选择数学课的内容，如何让学生对数学产生兴趣，并让学生掌握今后工作和学习需要的数学知识和抽象思维能力，都需要我们通过实践不断改进和提高。由于改革和探索的时间较短，加上水平的限制，书中定有许多不足甚至错误之处，敬请老师和同学们不吝赐教。

编 者

2007 年 5 月

目 录

第1章　函　数

初等数学研究的对象基本上是不变的量，而高等数学则是以变量为研究对象的一门数学. 所谓函数就是变量之间的对应关系. 本章从讨论函数概念开始，通过对一般函数特性的概括，并引进初等函数概念，为学习“高等数学”打下基础.

1.1　函　数

1.1.1　集合

集合概念是数学中一个原始的概念，如：一个书柜中的书构成的集合，一个班级的学生构成的集合，全体实数构成的集合，等等. 一般地说，所谓集合（或简称集）是指具有特定性质的一些事物的总体，组成这个集合的事物称为该集合的元素. 本书以大写拉丁字母表示集合. 事物 a 是集合 M 的元素，记作 $a \in M$（读作 a 属于 M）；事物 a 不是集合 M 的元素，记作 $a \notin M$（读作 a 不属于 M）.

一个集合如果已经给定，则对于任何事物都能判定它是否属于这个集合. 因此要给定一个集合 M，实质上就是要给出一个判别法则，根据这个法则，对于任何事物 a 能判别 $a \in M$ 或 $a \notin M$，两者究竟哪一个成立（两者中必有一个且只有一个成立）.

由有限个元素组成的集合，可用列举出它的全体元素的方法来表示. 例如：由元素 $a_1, a_2, \cdots, a_n$ 组成的集合 A，可记作

$$A = \{a_1, a_2, \cdots, a_n\}$$

由无穷多个元素组成的集合，通常用如下的记号表示：设 M 是具有某个

特征的元素 x 的全体所组成的集合,就记作

$$M=\{x|x\text{ 所具有的特征}\}$$

例如,平面上坐标适合方程 $x^2+y^2=1$ 的点 (x,y) 的全体所组成的集合 M,可记作

$$M=\{(x,y)|x,y\text{ 为实数},x^2+y^2=1\}$$

这个集合 M 实际上就是 xOy 平面上以原点 O 为中心,半径等于1的圆周上的点的全体所组成的集合.

全体实数组成的集合通常记作 $\mathbf{R}$,即

$$\mathbf{R}=\{x|x\text{ 为实数}\}$$

以后用到的集合主要是数集,即元素都是数的集合. 如果没有特别声明,以后提到的数都是实数.

若在一直线上(通常画水平直线)确定一点为原点,标以 O,指定一个方向为正方向(通常把指向右方规定为正方向),并规定一个单位长度,则称这样的直线为数轴. 任一实数都对应数轴上唯一的点;反之,数轴上每一点都唯一地表示一个实数. 正由于全体实数与数轴上的所有点有一一对应关系,所以在以下的叙述中,将把"实数 a"与"数轴上的点"两种说法看作有相同的含义,而不加以区别.

区间是用得较多的一类数集. 设 a 和 b 都是实数,且 $a<b$,数集

$$\{x|a<x<b\}$$

称为开区间,记作 (a,b),即

$$(a,b)=\{x|a<x<b\}$$

a 和 b 称为开区间 (a,b) 的端点,这里 $a\notin(a,b)$,$b\notin(a,b)$. 数集

$$\{x|a\leqslant x\leqslant b\}$$

称为闭区间,记作 $[a,b]$,即

$$[a,b]=\{x|a\leqslant x\leqslant b\}$$

a 和 b 也称为闭区间 $[a,b]$ 的端点,这里 $a\in[a,b]$,$b\in[a,b]$. 类似地可说明

$$[a,b)=\{x|a\leqslant x<b\}$$

$$(a,b]=\{x|a<x\leqslant b\}$$

$[a,b)$ 和 $(a,b]$ 都称为半开半闭区间.

以上这些区间都称为有限区间,数 $b-a$ 称为这些区间的长度. 从数轴上看,这些有限区间是长为有限的线段(图 1-1).

此外还有所谓无限区间. 引进记号 $+\infty$(读作正无穷大)及 $-\infty$(读作负无穷大),则无限的半开或开区间表示如下:

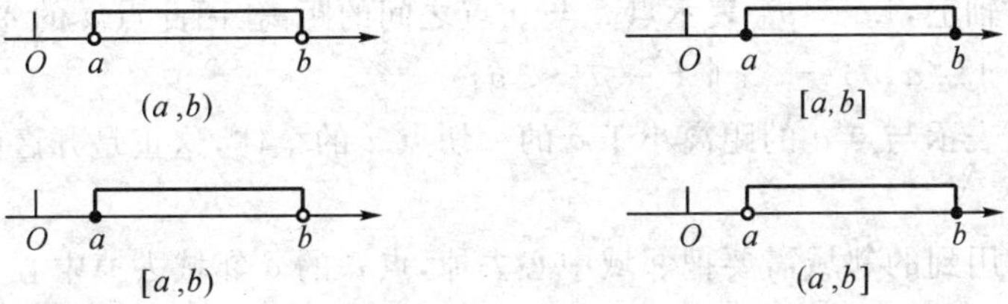

图 1-1

$$[a, +\infty) = \{x \mid x \geqslant a\}$$
$$(a, +\infty) = \{x \mid x > a\}$$
$$(-\infty, b] = \{x \mid x \leqslant b\}$$
$$(-\infty, b) = \{x \mid x < b\}$$

数集$[a, +\infty)$及$(-\infty, b]$称为无限的半开区间，数集$(a, +\infty)$及$(-\infty, b)$称为无限的开区间. 它们在数轴上表示为长度为无限的半直线(图 1-2).

图 1-2

全体实数的集合 $\mathbf{R}$ 也记作$(-\infty, +\infty)$，它也是无限的开区间.

邻域也是一个经常用到的概念. 设 a 与 δ 是两个实数，且 $\delta > 0$. 数集

$$\{x \mid |x - a| < \delta\}$$

称为 a 的 δ 邻域，记作 $\bigcup(a, \delta)$，即

$$\bigcup(a, \delta) = \{x \mid |x - a| < \delta\}$$

点 a 叫做 $\bigcup(a, \delta)$ 的中心，δ 叫做 $\bigcup(a, \delta)$ 的半径. 因为 $|x - a| < \delta$ 相当于

$$-\delta < x - a < \delta, \text{ 即 } \quad a - \delta < x < a + \delta$$

所以

$$\bigcup(a, \delta) = \{x \mid a - \delta < x < a + \delta\}$$

由此看出，$\bigcup(a, \delta)$ 也就是开区间$(a - \delta, a + \delta)$，这个开区间以点 a 为中心，而长度为 2δ(图 1-3)

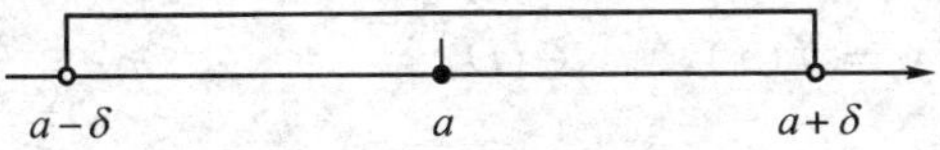

图 1-3

在数轴上，$|x-a|$ 表示点 x 与 a 点之间的距离，因此点 a 的 δ 邻域

$$\bigcup(a,\delta)=\{x\,\|\,x-a|<\delta\}$$

在数轴上表示与点 a 的距离小于 δ 的一切点 x 的全体，这正是开区间$(a-\delta, a+\delta)$.

有时用到的邻域需要把邻域中心去掉，点 a 的 δ 邻域去掉中心 a 后，称为点 a 的去心邻域，记作 $\bigcup(\hat{a},\delta)$，即

$$\bigcup(\hat{a},\delta)=\{x|0<|x-a|<\delta\}$$

这里 $0<|x-a|$ 就是表示 $x\neq a$.

1.1.2 函数概念

在研究自然、社会，以及工程技术的某个过程时，经常会遇到各种不同的量.这些量一般可以分为两类：一类量在所研究的过程中保持不变，这样的量称为常量；另一类量在所研究过程中是变化的，这样的量称为变量.

例如，在自由落体过程中，物体垂直下落的距离与时间关系为

$$h=\frac{1}{2}\mathrm{g}t^2$$

其中 t 为时间，g 为重力加速度.在这个过程中，时间 t 和距离 h 为变量，重力加速度 g 为常量，且两个变量 t 与 h 之间有一定的对应关系.当其中一个量 t 在某数集$(t\geqslant 0)$内取值时，另一个量 h 按一定的规则(公式 $h=\frac{1}{2}\mathrm{g}t^2$)有唯一确定的值与之对应.变量之间的这种数量关系就是函数关系.

定义 1.1 设 x 和 y 是两个变量，D 是一个给定的非空实数集，若对于每一个数 $x\in D$，按照某一确定的对应法则 f，变量 y 总有唯一确定的数值与之对应，则称 y 是 x 的函数，记作

$$y=f(x),\qquad x\in D$$

其中 x 称为自变量，y 称为因变量；数集 D 称为该函数的定义域.

定义域 D 是使函数 $y=f(x)$ 有意义的自变量 x 的取值范围.

当 x 取值 $x_0\in D$ 时，与 x_0 对应的 y 的数值称为函数在点 x_0 处的函数值，记作 $f(x_0)$ 或 $y|_{x=x_0}$.当 x 遍取数集 D 中的所有数值时，对应的函数值全体构成的数集

$$w=\{y|y=f(x),\quad x\in D\}$$

称为函数的值域.

由函数的定义可知，决定一个函数有两个要素：定义域 D，对应法则 f.注意到由一个 $x\in D$ 通过 f 可唯一确定函数值 $y=f(x)$，因此值域 w 就相应地

被确定了.因此,在高等数学中两个函数相同是指它们的定义域和对应法则分别相同.

例如,函数

$$f(x)=\ln x^2 \quad 与 \quad g(x)=2\ln|x|$$

是相同的函数,因为这两个函数的定义域都是$(-\infty,0)\cup(0,+\infty)$,根据对数的性质知

$$\ln x^2=2\ln|x|$$

即这两个函数的对应法则是相同的,而函数

$$f(x)=\ln x^2 \quad 与 \quad \varphi(x)=2\ln x$$

是不同的函数,前者的定义域为$(-\infty,0)\cup(0,+\infty)$,而后者的定义域为$(0,+\infty)$.

函数的表示方法一般有三种:图形法、表格法和解析法.

在用解析法表示的函数中,有以下两种需要指明的情形:

1.1.2.1　分段函数

对于一个函数,在其定义域的不同部分用不同数学式来表达,称为分段函数.

例如,函数

$$f(x)=\begin{cases}x^2+1, & -3<x<0\\ 3, & x=0\\ 2x-1, & 0<x\leqslant 5\end{cases}$$

就是分段函数,它的定义域是$(-3,5]$.

例如,函数

$$f(x)=\operatorname{sgn}x=\begin{cases}1, & x>0\\ 0, & x=0\\ -1, & x<0\end{cases}$$

称为符号函数,也是分段函数,它的定义域$D=(-\infty,+\infty)$.

1.1.2.2　显函数与隐函数

若因变量y用自变量x的数学式直接表示出来,即等号一端只有y,而另一端是x的解析式,这样的函数称为显函数.

例如$y=\sin x$,$y=\sqrt{1-x^2}$都是显函数.

若两个变量x与y之间的函数关系用方程来$F(x,y)=0$表示,则称为隐

函数,例如 $x^2+y^2=1$,$\sin(x+y)-e^{xy}=5$ 都是隐函数.

1.1.3 函数的几种特性

1.1.3.1 函数的奇偶性

定义 1.2 设函数 $y=f(x)$ 的定义域 D 关于原点对称.

如果对于任意 $x\in D$,$f(-x)=f(x)$ 恒成立,则称 $f(x)$ 为偶函数.

如果对于任意 $x\in D$,$f(-x)=-f(x)$ 恒成立,则称 $f(x)$ 为奇函数.

例如,$f(x)=x^2$ 是偶函数,$f(x)=x^3$ 是奇函数.如图 1-4.

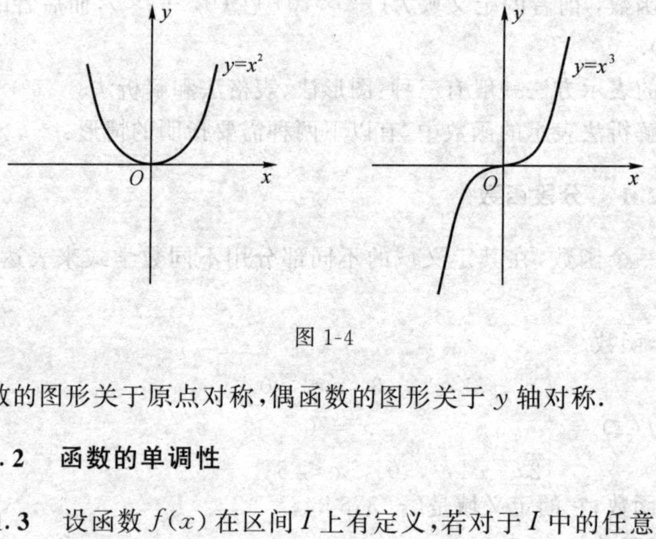

图 1-4

奇函数的图形关于原点对称,偶函数的图形关于 y 轴对称.

1.1.3.2 函数的单调性

定义 1.3 设函数 $f(x)$ 在区间 I 上有定义,若对于 I 中的任意两点 x_1 和 x_2,当 $x_1<x_2$ 时,总有

(1)$f(x_1)<f(x_2)$,则称函数 $f(x)$ 在 I 上是严格单调增加的;

(2)$f(x_1)>f(x_2)$,则称函数 $f(x)$ 在 I 上是严格单调减少的.

严格单调增加的函数和严格单调减少的函数统称为单调函数.

若沿 x 轴的正方向看,单调增加函数的图形是一条上升的曲线;单调减少函数的图形是一条下降的曲线.

例如,函数 $f(x)=x^2$ 在区间 $(0,+\infty)$ 内是单调增加的,在区间 $(-\infty,0]$ 内是单调减少的;在区间 $(-\infty,+\infty)$ 内不是单调的.

1.1.3.3 函数的有界性

定义 1.4 设函数 $f(x)$ 在区间 I 上有定义,若存在正数 M,使得对任意的

$x \in I$ 有

$$|f(x)| \leqslant M$$

则称 $f(x)$ 在区间 I 上是有界函数；否则称 $f(x)$ 在区间 I 是无界函数.

有界函数的图形必介于两条平行于 x 轴的直线 $y=-M$ 和 $y=M$ 之间.

例如，$y=\frac{1}{x}$ 在区间$[2,+\infty)$有界，$\left|\frac{1}{x}\right| \leqslant \frac{1}{2}$；而在区间$(0,1)$内无界. 如图 1-5.

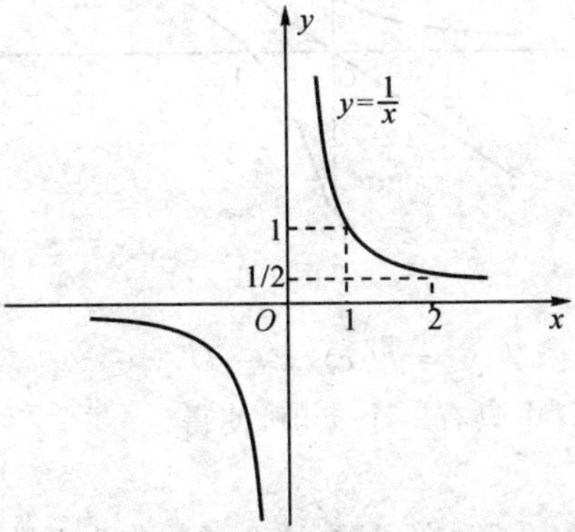

图 1-5

1.1.3.4　函数的周期性

定义 1.5　设函数 $f(x)$ 的定义域为 D，若存在一个非零正常数 T，对于 D 内所有 x，$x \pm T \in D$ 且 $f(x+T)=f(x)$ 都成立，则称 $f(x)$ 是周期函数，称 T 是它的一个周期. 通常称一个周期函数的周期是指它的最小周期.

例如，$\sin(\frac{\pi}{3}+2\pi)=\sin\frac{\pi}{3}$，$\sin(x+2\pi)=\sin x$，$\sin(x+2k\pi)=\sin x$，$k=\pm 1,\pm 2,\cdots$ 即 $2\pi,4\pi,\cdots$ 都是函数 $y=\sin x$ 的周期，2π 是它的最小周期，称为正弦函数的周期.

1.1.4　反函数

对函数 $y=2^x$，x 是自变量，y 是因变量，若由此式解出 x，得到关系式

$$x=\log_2 y$$

在上式中，若把 y 看作自变量，x 看作因变量，则由 $x=\log_2 y$ 所确定的函数称为已知函数 $y=2^x$ 的反函数.

习惯上，用 x 表示自变量，用 y 表示因变量，把 $x=\log_2 y$ 改写成 $y=$

$\log_2 x$.

由图 1-6 可知，函数 $y = 2^x$ 与它的反函数 $y = \log_2 x$ 的图形关于直线 $y = x$ 对称.

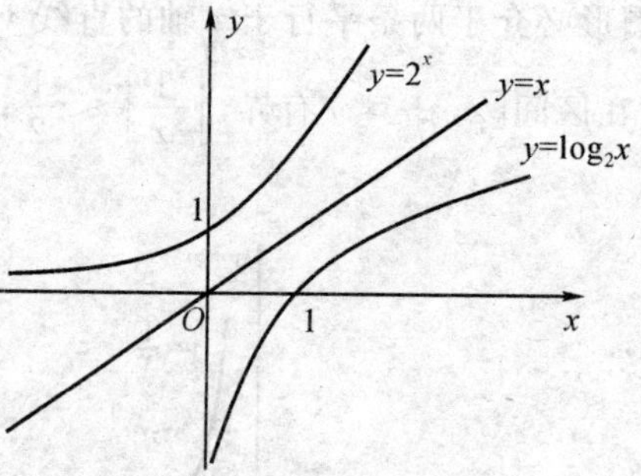

图 1-6

定义 1.6 已知函数 $y = f(x), x \in D, y \in w$
若对每一个 $y \in w$，D 中只有一个 x 值，使得

$$f(x) = y$$

这就以 w 为定义域确定了一个函数，这个函数称为函数 $y = f(x)$ 的反函数，记作

$$x = f^{-1}(y), \qquad y \in w$$

按习惯记法，x 作自变量，y 作因变量，函数 $y = f(x)$ 的反函数记作

$$y = f^{-1}(x), \qquad x \in w$$

事实上，$y = f(x)$ 与 $y = f^{-1}(x)$ 互为反函数，且 $y = f(x)$ 的定义域是 $y = f^{-1}(x)$ 的值域，$y = f(x)$ 的值域是 $y = f^{-1}(x)$ 的定义域. 由定义知，若函数 $y = f(x)$ 具有反函数，这意味着它的定义域 D 与值域 w 之间按对应法则 f 建立了一一对应关系. 因此，单调函数必有反函数，而且单调增加(减少) 函数的反函数也是单调增加(减少) 的.

例如 $y = x^2, x \in (-\infty, +\infty)$ 没有反函数

$y = x^2, x \in [0, +\infty)$ 有反函数 $y = \sqrt{x}, x \in [0, +\infty)$

$y = x^2, x \in (-\infty, 0]$ 有反函数 $y = -\sqrt{x}, x \in [0, +\infty)$

在同一直角坐标系下，函数 $y = f(x)$ 与其反函数 $y = f^{-1}(x)$ 的图形关于直线 $y = x$ 对称.

习题 1.1

1. 用集合符号写出下列集合：

(1) 大于 30 的所有实数的集合；

(2) 圆 $x^2+y^2=25$ 上所有的点组成的集合；

2. 按下列要求举例：

(1) 一个有限集合；　　(2) 一个无限集合；　　(3) 一个空集.

3. 在数轴上画出满足下列条件的所有 x 的集合：

(1) $|x-a|<\delta$, a 为常数, $\delta>0$　　(2) $1<|x-2|<3$

4. 求下列函数值：

(1) 若 $f(x)=x\cdot 4^{x-2}$，求 $f(2)$, $f(t^2)$, $f(-2)$, $f(\frac{1}{t})$

(2) 若 $\varphi(t)=t^3+1$，求 $\varphi(t^2)$, $[\varphi(t)]^2$, $\varphi(\varphi(0))$

5. 求下列函数值：

(1) 若 $f(x)=\dfrac{|x-2|}{x+1}$，求 $f(0)$, $f(a)$, $f(a+b)$

(2) 若 $g(x)=\begin{cases}2^x, & -1<x<0,\\ 2, & 0\leqslant x<1,\\ x-1, & 1\leqslant x\leqslant 3,\end{cases}$ 求 $g(3)$, $g(2)$, $g(0)$, $g(0.5)$, $g(-0.5)$

(3) 若 $\Psi(x)=\begin{cases}|\sin x|, & |x|<1,\\ 0, & |x|\geqslant 1,\end{cases}$ 求 $\Psi(1)$, $\Psi(\frac{3\pi}{4})$, $\Psi(-\frac{\pi}{4})$

6. 下列各对函数是否相同，并说明理由.

(1) $f(x)=\sin^2 x+\cos^2 x$, $g(x)=1$　　(2) $f(x)=x-2$, $g(x)=\dfrac{x^2-4}{x+2}$

(3) $f(x)=2\lg x$, $g(x)=\lg x^2$　　(4) $f(x)=\sqrt{2^{2x}}$, $g(x)=2^x$

7. 求下列函数的定义域：

(1) $y=\dfrac{2x}{x^2-3x+2}$　　(2) $y=\sqrt{3x+4}$

(3) $y=\sqrt{a^2-x^2}$　　(4) $y=\dfrac{1}{1-x^2}+\sqrt{x+4}$

(5) $y=\lg\dfrac{x}{x-2}$　　(6) $y=\sqrt{\sin x}+\sqrt{16-x^2}$

8. 设生产与销售产品的总收入 R 是产量 x 的二次函数，经统计得知：当产

量 $x=0,2,4$ 时，总收入 $R=0,6,8$，试确定总收入 R 与产量 x 的函数关系.

9. 求出下列函数的定义域，并画出它们的图形.

(1) $f(x)=\begin{cases}-2, & x\geqslant 0\\ 0, & x<0\end{cases}$ (2) $f(x)=\begin{cases}(x-2)^2, & 2\leqslant x\leqslant 4\\ 0, & -2\leqslant x<2\end{cases}$

10. 将下列函数写成分段函数，并求其定义域.

(1) $f(x)=\dfrac{|x-4|}{x-4}$ (2) $f(x)=x+|x-4|$

(3) $f(x)=|x^2-1|$

11. 判断下列函数的单调性：

(1) $y=3x-6$ (2) $y=2^x-1$ (3) $y=\log_a x$

12. 判断下列函数中哪些是奇函数，哪些是偶函数，哪些是非奇非偶函数：

(1) $y=\dfrac{1}{x^2}$ (2) $y=\tan x$ (3) $y=\lg\dfrac{1-x}{1+x}$

(4) $y=\dfrac{a^x+a^{-x}}{2}$ (5) $y=x+\sin x$ (6) $y=x\cdot e^x$

13. 函数 $y=3\cos 3x$ 的最小正周期是多少？

14. 求下列函数的反函数：

(1) $y=2x+1$ (2) $y=\dfrac{x+2}{x-2}$

(3) $y=x^3+2$ (4) $y=1+\lg(x+2)$

15. 求证：函数 $y=\dfrac{x^2}{1+x^2}$ 是有界函数.

1.2 初等函数

1.2.1 基本初等函数

下列六类函数称为基本初等函数.

1.2.1.1 常量函数

$$y=C\quad (C\text{ 为常数}),\qquad x\in(-\infty,+\infty)$$

其图形见图 1-7

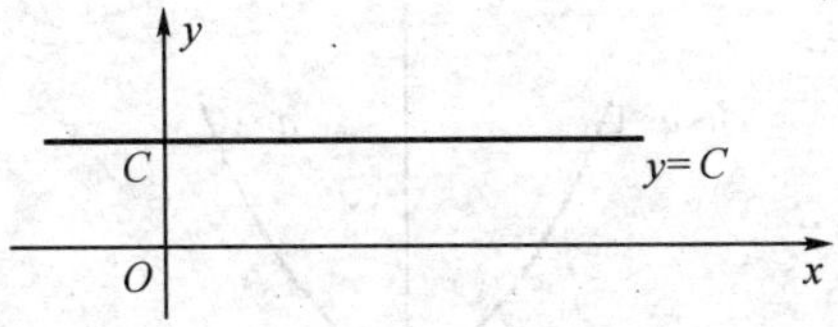

图 1-7

1.2.1.2　幂函数

$$y = x^{\alpha} \quad (\alpha \text{ 为实数})$$

该函数的定义域随 α 而异，例如

$\alpha = 1$ 时，$y = x$，　$x \in (-\infty, +\infty)$

$\alpha = 2$ 时，$y = x^2$，　$x \in (-\infty, +\infty)$

$\alpha = -1$ 时，$y = x^{-1} = \dfrac{1}{x}$，　$x \in (-\infty, 0) \cup (0, +\infty)$

$\alpha = \dfrac{1}{2}$ 时，$y = x^{\frac{1}{2}} = \sqrt{x}$，　$x \in [0, +\infty)$

具体图形见图 1-8. 这些函数及其图形（在第 1 象限的图形），以后将要用到.

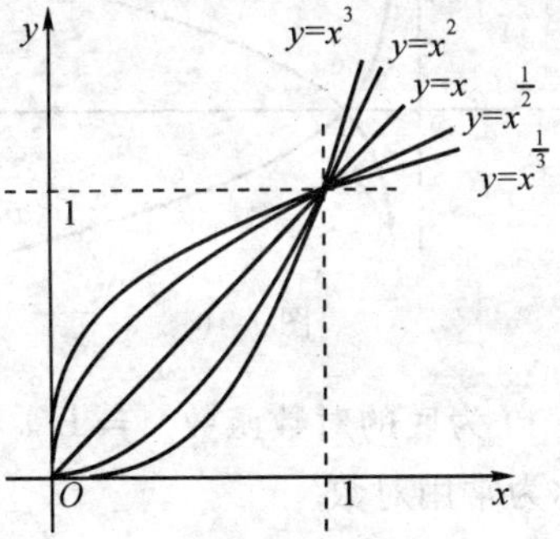

图 1-8

1.2.1.3　指数函数

$$y = a^x \quad (a > 0, a \neq 1) \quad x \in (-\infty, +\infty), y \in (0, +\infty)$$

该函数当 $a > 1$ 时，是单调增加的；当 $0 < a < 1$ 时，是单调减少的. 因 $a^0 = 1$ 且总有 $y > 0$，所以，指数函数的图形过 y 轴上的点 $(0,1)$ 且位于 x 轴的上方.（见图 1-9）

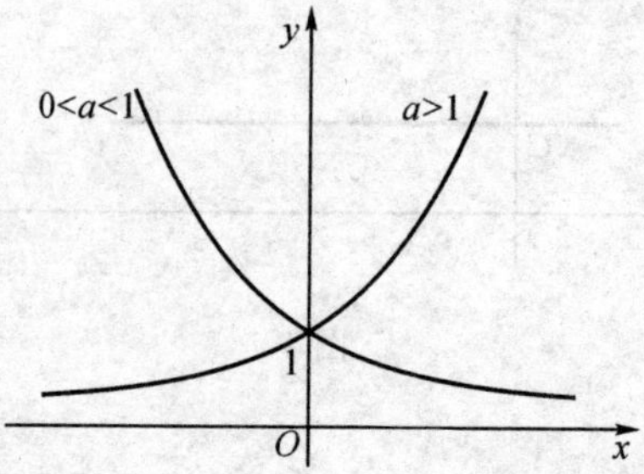

图 1-9

1.2.1.4 对数函数

$$y=\log_a x \quad (a>0,a\neq 1),\quad x\in(0,+\infty),y\in(-\infty,+\infty)$$

对数函数与指数函数互为反函数，当 $a>1$ 时，是单调增加的；当 $0<a<1$ 时，是单调减少的. 因 $\log_a 1=0$ 且总有 $x>0$，所以，它的图形经过 x 轴上的点 $(1,0)$ 且位于 y 轴的右侧.（图 1-10）

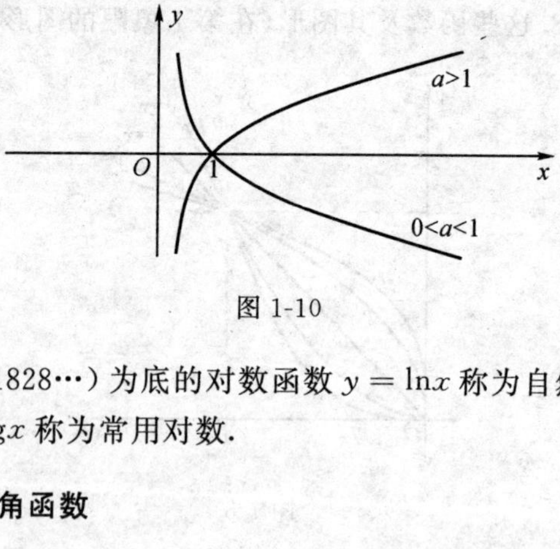

图 1-10

以 e(e = 2.71828…) 为底的对数函数 $y=\ln x$ 称为自然对数. 以 10 为底的对数函数 $y=\lg x$ 称为常用对数.

1.2.1.5 三角函数

正弦函数 $y=\sin x, x\in(-\infty,+\infty), y\in[-1,1]$ （见图 1-11）

余弦函数 $y=\cos x, x\in(-\infty,+\infty), y\in[-1,1]$ （见图 1-12）

正切函数 $y=\tan x, x\neq k\pi+\dfrac{\pi}{2}, k=0,\pm 1,\pm 2,\cdots, y\in(-\infty,+\infty)$ （见图 1-13）

余切函数 $y=\cot x, x\neq k\pi, k=0,\pm 1,\pm 2,\cdots, y\in(-\infty,+\infty)$ （见图 1-14）

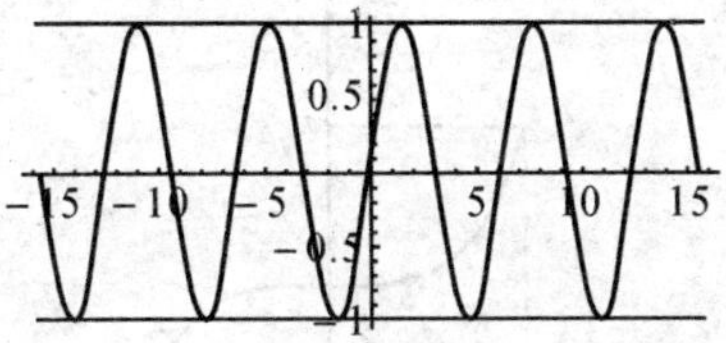

图 1-11

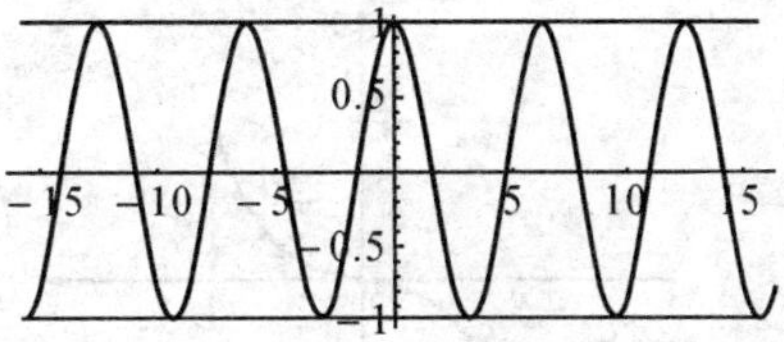

图 1-12

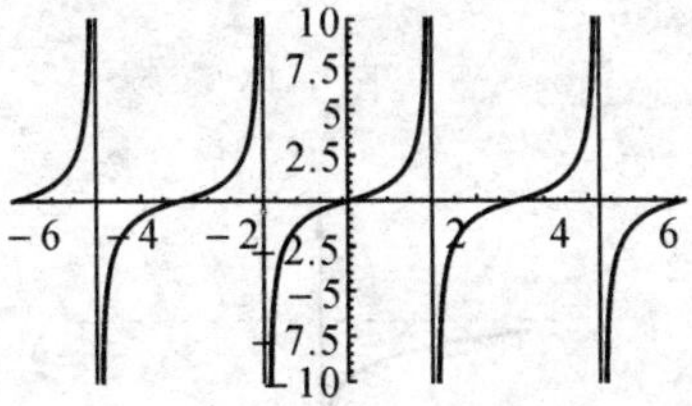

图 1-13

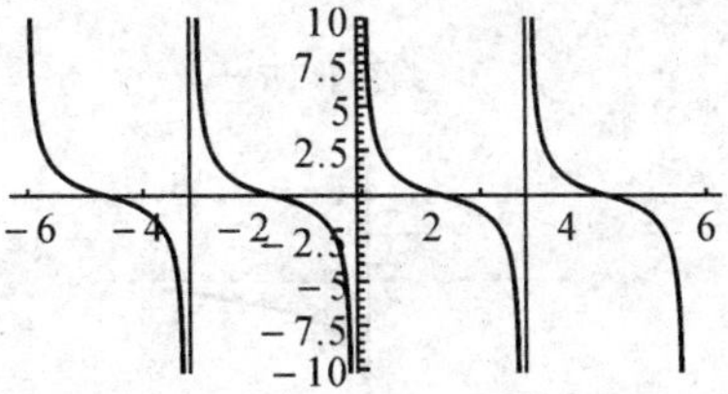

图 1-14

$y=\sin x$ 与 $y=\cos x$ 都是以 2π 为周期的周期函数，且都是有界函数：$|\sin x|\leqslant 1$，$|\cos x|\leqslant 1$. $y=\sin x$ 是奇函数，$y=\cos x$ 是偶函数.

$y=\tan x$ 与 $y=\cot x$ 都是以 π 为周期的函数，且都是奇函数.

1.2.1.6　反三角函数

反三角函数是三角函数的反函数.

因为单调函数存在反函数，所以函数 $y=\sin x$，$y=\cos x$，$y=\tan x$，$y=\cot x$，分别在其单调区间 $\left[-\dfrac{\pi}{2},\dfrac{\pi}{2}\right]$，$[0,\pi]$，$\left(-\dfrac{\pi}{2},\dfrac{\pi}{2}\right)$，$(0,\pi)$ 内有相应的反正弦函数 $y=\arcsin x$，反余弦函数 $y=\arccos x$，反正切函数 $y=\arctan x$，反余切函数 $y=\mathrm{arccot}\, x$.

反正弦函数 $y=\arcsin x$，$x\in[-1,1]$，$y\in\left[-\dfrac{\pi}{2},\dfrac{\pi}{2}\right]$（见图 1-15）

反余弦函数 $y=\arccos x$，$x\in[-1,1]$，$y\in[0,\pi]$（见图 1-16）

反正切函数 $y=\arctan x$，$x\in(-\infty,+\infty)$，$y\in\left(-\dfrac{\pi}{2},\dfrac{\pi}{2}\right)$（见图 1-17）

反余切函数 $y=\mathrm{arccot}\, x$，$x\in(-\infty,+\infty)$，$y\in(0,\pi)$（见图 1-18）

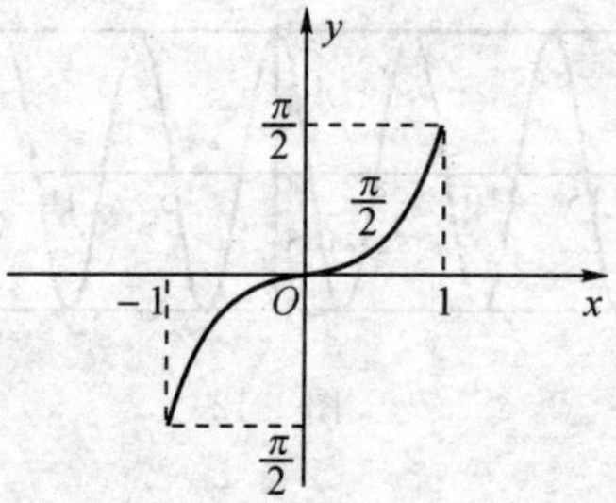

图 1-15

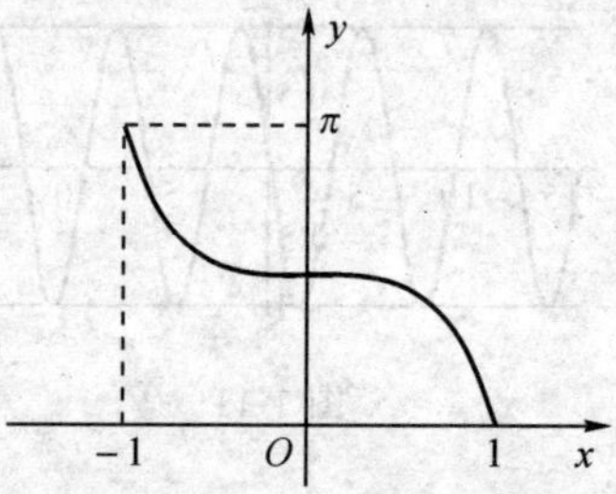

图 1-16

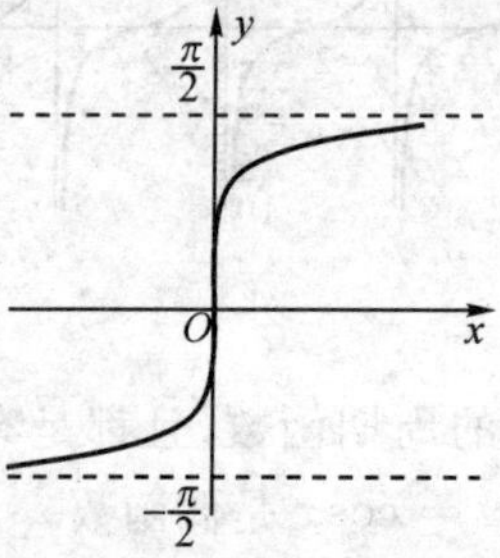

图 1-17

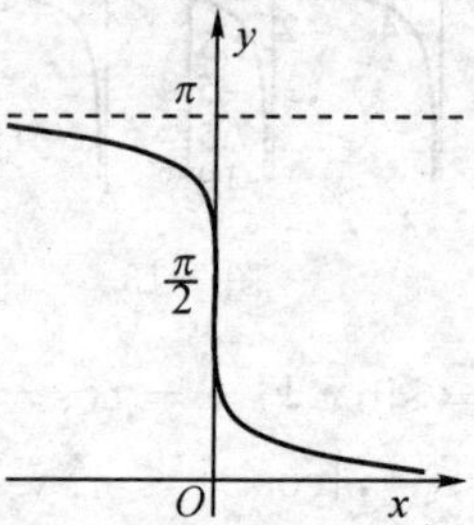

图 1-18

1.2.2 复合函数

例如 $y=\sin\sqrt{x}$ 可以看成是由 $y=\sin u, u=\sqrt{x}$ 两个函数复合而成的函数，其中 u 称为中间变量，x 是自变量，y 是 x 的函数.

定义 1.7 已知两个函数 $y=f(u), u=\varphi(x)$，如果 $u=\varphi(x)$ 的值域与 $y=f(u)$ 定义域的交集非空，则称函数 $y=f[\varphi(x)]$ 是由函数 $y=f(u)$ 和 $u=\varphi(x)$ 复合而成的复合函数，称 u 为中间变量.

例如，已知函数 $y=f(u)=\mathrm{e}^u, u=\varphi(x)=\cos x$，则函数

$$y=f[\varphi(x)]=\mathrm{e}^{\cos x}$$

就是由已知的两个函数复合而成的复合函数.

为了研究函数的需要，有时要将一个给定的函数看成是一个复合函数，从而要把它分解成若干个基本初等函数.

例 1 下列函数由哪些基本初等函数复合而成

(1) $y=\mathrm{e}^{\cos x}$ (2) $y=(\arctan x)^2$

解 (1) 由外层函数向内层函数分解，$y=\mathrm{e}^{\cos x}$ 是由

$y=\mathrm{e}^u, u=\cos x$ 复合而成.

(2) 同理可得 $y=(\arctan x)^2$ 是由

$$y=u^2, u=\arctan x \text{ 复合而成.}$$

需要指出,不是任何两个函数都能构成复合函数,例如

$y=\arcsin u$　定义域$[-1,1]$

$u=2+x^2$　值域$[2,+\infty)$

虽然能复合成 $y=\arcsin(2+x^2)$,但它却无意义.

1.2.3　初等函数

由基本初等函数经过有限次四则运算或复合并用一个数学式子表示的函数叫初等函数.

例如,以下都是初等函数

$$y=\sqrt{3-2\cos^2 x},\ y=x^2\cdot 2^{\tan x}+\ln(x+\sqrt{1+x^2})$$

以下不是初等函数

$$y=\begin{cases}-x, & x<0\\ 0, & x=0,\\ x, & x>0\end{cases}\quad y=1+x+x^2+x^3+\cdots+x^n+\cdots$$

本课程研究的函数,主要是初等函数,凡不是初等函数的函数,都称为非初等函数.

习题 1.2

1. 指出下列函数的定义域.

(1) $y=\ln\sin x$　(2) $y=e^{3x}$

(3) $y=\cos\log_8 x$　(4) $y=\log_3\arctan x$

(5) $y=\ln x$　(6) $y=\dfrac{\cos x}{x^2}$

2. 下列函数在给出的哪个区间上是单调增加的?

(1) $\sin x,\left[-\dfrac{\pi}{2},\dfrac{\pi}{2}\right],[0,\pi]$

(2) $\cos x,\left[-\dfrac{\pi}{2},\dfrac{\pi}{2}\right],[\pi,2\pi]$

(3) $\tan x,\left(-\dfrac{\pi}{2},\dfrac{\pi}{2}\right),(0,\pi)$

(4) $\log_2 x,(0,+\infty),(-\infty,+\infty)$

3. 请在同一个直角坐标系中画出下列函数图形：

(1) $f(x) = \log_2 x, g(x) = \log_{\frac{1}{2}} x$

(2) $f(x) = \sin x, g(x) = \cos x, h(x) = \arcsin x$

(3) $f(x) = e^x, g(x) = (\frac{1}{3})^x$

(4) $f(x) = 3, g(x) = x^2 + 3$

4. 某产品年产量为 x 台，每台售价为 400 元. 当年产量在 1000 台内时，可以全部售出；当年产量超过 1000 台时，经广告宣传后又可以再多售出 200 台. 每台平均广告费为 40 元，生产再多，本年就售不出去. 试将本年的销售总收入 R 表示为年产量 x 的函数.

5. 化肥厂生产某产品 1000 吨，每吨定价为 130 元，销售量在 700 吨以内时，按原价出售，超过 700 吨时超过的部分需打 9 折出售. 试将销售总收益与总销售量的函数关系用数学表达式表出.

6. 如果 $f(x) = \log_a x$，证明：

$$f(x) + f(y) = f(x \cdot y), \quad f(x) - f(y) = f(\frac{x}{y})$$

7. 如果 $f(x) = a^x$，证明：

$$f(x + y) = f(x)f(y), \quad \frac{f(x)}{f(y)} = f(x - y)$$

8. 如果 $f(x) = \frac{1 - x^2}{\cos x}$，证明 $f(-x) = f(x)$

9. 如果 $y = u^3, u = \log_a x$，将 y 表成 x 的函数.

10. 如果 $y = \sqrt{u}, u = 2 + v^2, v = \cos x$，将 y 表成 x 的函数.

11. 下列函数可以看成由哪些简单函数复合而成：

(1) $y = \sqrt{3x - 1}$ (2) $y = a^3 \sqrt{1 + x}$

(3) $y = (1 + \ln x)^5$ (4) $y = e^{e^{-x^2}}$

(5) $y = \sqrt{\ln \sqrt{x}}$ (6) $y = \lg^2 \arccos x^3$

12. 分别就 $a = 2, a = \frac{1}{2}, a = -2$ 讨论 $y = \lg(a - \sin x)$ 是不是复合函数. 如果是复合函数，求其定义域.

第 2 章　极限与连续

极限是深入研究函数和解决问题的基本方法. 为了便于理解和掌握极限概念,我们从讨论数列的极限入手,进而讨论函数的极限.

函数的连续性与函数的极限密切相关. 这里主要讨论函数连续性概念和初等函数的连续性.

2.1　极限的概念

2.1.1　引例　刘徽割圆术

设有一半径为 r 的圆,其周长为 $L = 2\pi r$. 从圆的内接正多边形面积出发,推导圆的面积公式:$S = \pi r^2$.

首先作圆的内接正六边形,每条边边长为 a,边心距为 R_6. 内接正六边形的周长记为 L_6,面积记为 S_6,则

$$L_6 = 6a$$

$$S_6 = 6 \times \frac{1}{2} a R_6 = \frac{1}{2}(6a) R_6 = \frac{1}{2} L_6 R_6$$

类似地可以得出圆的内接正 n 边形的面积

$$S_n = \frac{1}{2} L_n R_n$$

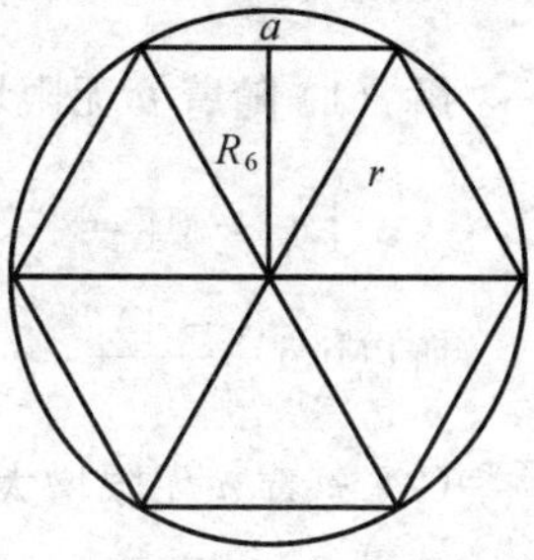

图 2-1

当 n 越大,内接正多边形与圆的差别就越小,从而以 S_n 作为圆面积的近似值也就越精确. 当 n 无限增大时,内接正多边形的边数无限增加. 在这个过程中,内接正多边形无限接近于圆,内接正多边

形的周长 L_n 无限接近于圆的周长 $L=2\pi r$，边心距 R_n 无限接近于圆的半径 r，内接正多边形的面积 S_n 无限接近于圆的面积 S. 由此得到圆的面积计算公式

$$S=\frac{1}{2}r\times L=\pi r^2$$

这种用圆的内接正多边形的面积来推证圆的面积计算公式的方法，是我国魏晋时期杰出的数学家刘徽提出来的，称为刘徽割圆术.

其实早在战国后期，桓团和公孙龙就说过："一尺之棰，日取其半，万世不竭."可见在两千多年前，已经有人注意到这种无限变化的过程了. 我们不难推出，上面提到的这根杆子如果每次取剩下的一半，那么它剩下的长度将无限趋于零.

2.1.2　数列极限

定义 2.1　给定数列 $\{x_n\}$，如果当 n 无限增大时，其通项 x_n 无限趋近于某个常数 A，即 x_n 与 A 的距离 $|x_n-A|$ 无限趋近于零，则称数列 $\{x_n\}$ 以 A 为极限，记为

$$\lim_{n\to\infty}x_n=A \quad 或者 \quad x_n\to A(n\to\infty)$$

当数列 $\{x_n\}$ 以 A 为极限时，称数列收敛于 A，此时称 $\{x_n\}$ 为收敛的数列. 如果数列 $\{x_n\}$ 不趋近于某个确定的常数，则称数列 $\{x_n\}$ 发散.

例 1　观察下列数列是否有极限.

(1) $\{x_n\}=\left\{\frac{(-1)^n}{n}\right\}$，　即数列　$-1,\frac{1}{2},-\frac{1}{3},\cdots,\frac{(-1)^n}{n},\cdots$

(2) $\{x_n\}=\left\{\frac{n}{n+1}\right\}$，　即数列　$\frac{1}{2},\frac{2}{3},\frac{3}{4},\cdots,\frac{n}{n+1},\cdots$

(3) $\{x_n\}=\{(-1)^{n-1}\}$，　即数列　$1,-1,1,\cdots,(-1)^{n-1},\cdots$

(4) $\{x_n\}=\{n^2+3\}$，　即数列　$4,7,12,\cdots,n^2+3,\cdots$

解：(1) 随着 n 无限增大，通项 $x_n=\frac{(-1)^n}{n}$ 无限趋近于 0，即

$$|x_n-0|=\frac{1}{n}\to 0$$

所以 $\lim\limits_{n\to\infty}\frac{(-1)^n}{n}=0$

(2) 随着 n 无限增大，通项 $x_n=\frac{n}{n+1}$ 无限趋近于 1，即

$$|x_n-1|=\frac{1}{n+1}\to 0$$

所以 $\lim\limits_{n\to\infty}\frac{n}{n+1}=1$

(3) 随着 n 无限增大，通项 $x_n = (-1)^{n-1}$ 在 1 和 -1 之间来回振动，不趋近于一个确定的常数，即不存在常数 A 使 $|x_n - A| \to 0$，因此数列 $\{x_n\} = \{(-1)^{n-1}\}$ 的极限不存在.

(4) 随着 n 无限增大，通项 $x_n = n^2 + 3$ 无限增加，不趋近于一个确定的常数，即不存在常数 A 使 $|x_n - A| \to 0$，因此数列 $\{x_n\} = \{n^2 + 3\}$ 的极限不存在.

所以数列 $\{x_n\} = \left\{\frac{(-1)^n}{n}\right\}$ 和 $\{x_n\} = \{\frac{n}{n+1}\}$ 是收敛数列，$\{x_n\} = \left\{\frac{(-1)^n}{n}\right\}$ 收敛于 0，$\{x_n\} = \{\frac{n}{n+1}\}$ 收敛于 1；数列 $\{x_n\} = \{(-1)^{n-1}\}$ 和 $\{x_n\} = \{n^2 + 3\}$ 的极限不存在，是发散数列. 可见，并非所有的数列都有极限.

2.1.3　函数极限

此前我们研究了 n 无限增大时数列的极限，下面我们通过观察函数 $y = \frac{1}{x}$ 的图形变化趋势来了解函数的极限.

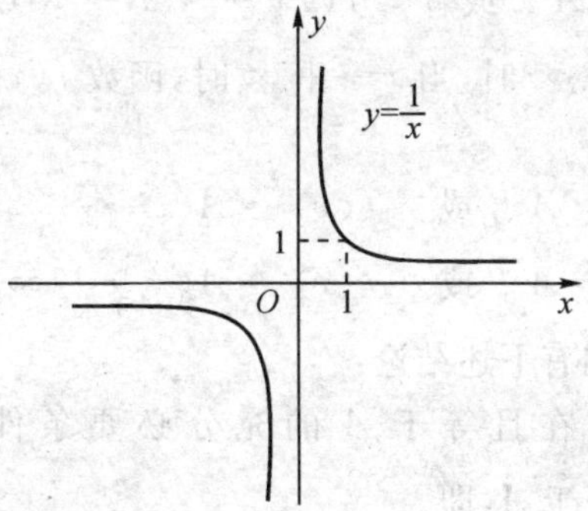

图 2-2

由图 2-2 可以看出：

当 $x \to -\infty$（x 趋向于负无穷大）时，曲线 $y = \frac{1}{x}$ 无限逼近 x 轴，函数值无限趋近于 0，所以 $\lim\limits_{x \to -\infty} \frac{1}{x} = 0$；

当 $x \to +\infty$（x 趋向于正无穷大）时，曲线 $y = \frac{1}{x}$ 无限逼近 x 轴，函数值无限趋近于 0，所以 $\lim\limits_{x \to +\infty} \frac{1}{x} = 0$；

当 $x \to 0^-$（x 从小于 0 的方向无限趋近于 0）时，曲线 $y = \frac{1}{x}$ 无限向下延伸，函数值的绝对值无限增大成为无穷大，所以当 $x \to 0^-$ 时，函数 $y = \frac{1}{x}$ 的极限不存在；当 $x \to 0^+$（x 从大于 0 的方向无限趋近于 0）时，曲线 $y = \frac{1}{x}$ 无限向上延伸，函数值无限增大成为无穷大，所以当 $x \to 0^+$ 时，函数 $y = \frac{1}{x}$ 的极限不存在；

当 $x \to 1$（x 从 1 的左右两边同时无限趋近于 1）时，函数值无限趋近于 1，所以 $\lim\limits_{x \to 1} \frac{1}{x} = 1$.

下面我们给出函数 $f(x)$ 在 x 趋近于无穷大和趋近于某一点 x_0 时极限的数学定义.

定义 2.2 设函数 $f(x)$ 在 $|x| > a(a > 0)$ 时有定义. 如果当 x 的绝对值无限增大时，函数 $f(x)$ 的值无限趋近于某个确定的常数 A，即 $|f(x) - A|$ 无限趋近于 0，则称当 $x \to \infty$ 时，函数 $f(x)$ 以 A 为极限，记作

$$\lim_{x \to \infty} f(x) = A \quad 或者 \quad f(x) \to A(x \to \infty).$$

类似的，当 $x \to -\infty$ 时，当 $x \to +\infty$ 时，函数 $f(x)$ 以 A 为极限的定义分别记作

$$\lim_{x \to -\infty} f(x) = A \quad 或 \quad f(x) \to A(x \to -\infty)$$

$$\lim_{x \to +\infty} f(x) = A \quad 或 \quad f(x) \to A(x \to +\infty)$$

由上述定义，可知有下述结论：

极限 $\lim\limits_{x \to \infty} f(x)$ 存在且等于 A 的充分必要条件是极限 $\lim\limits_{x \to -\infty} f(x)$ 与 $\lim\limits_{x \to +\infty} f(x)$ 都存在且等于 A，即

$$\lim_{x \to \infty} f(x) = A \Leftrightarrow \lim_{x \to -\infty} f(x) = A = \lim_{x \to +\infty} f(x)$$

例 2 讨论当 $x \to \infty$ 时，反正切函数 $y = \arctan x$ 的极限是否存在.

解 如图 2-3

$$\lim_{x \to -\infty} \arctan x = -\frac{\pi}{2}, \ \lim_{x \to +\infty} \arctan x = \frac{\pi}{2}$$

所以 $\lim\limits_{x \to \infty} \arctan x$ 不存在.

例 3 讨论当 $x \to \infty$ 时，函数 $y = \sin x$ 与 $y = \cos x$ 的极限是否存在.

解 如图 2-4

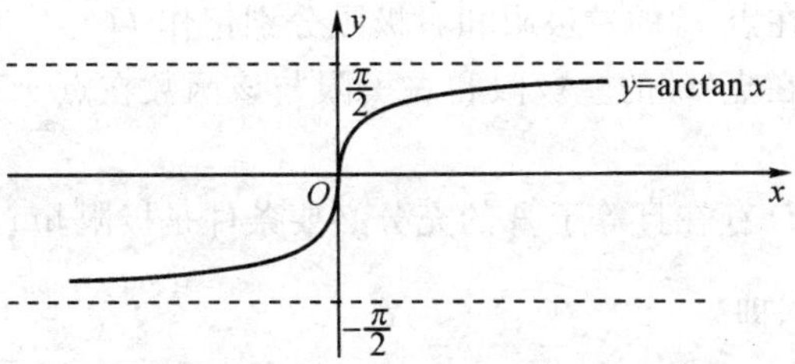

图 2-3

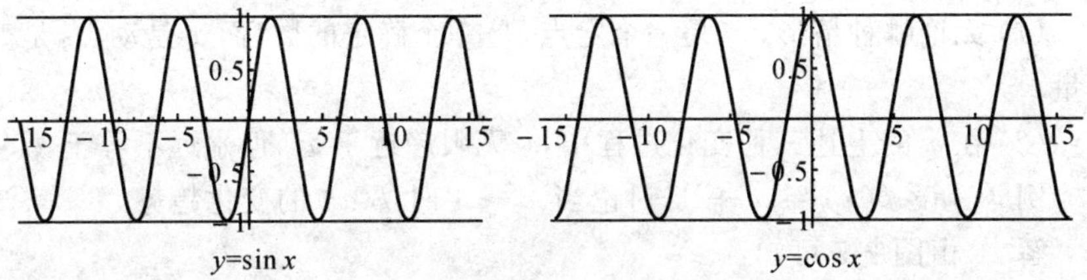

图 2-4

当 $x\to\infty$ 时，函数 $y=\sin x$ 与 $y=\cos x$ 的图形在两条平行线 $y=\pm 1$ 之间摆动，不趋近于某个确定的常数，因此当 $x\to\infty$ 时，函数 $y=\sin x$ 与 $y=\cos x$ 的极限不存在.

定义 2.3　设函数 $f(x)$ 在点 x_0 的某个去心邻域内有定义，若当 $x\to x_0$ 时，函数 $f(x)$ 趋于某个确定的常数 A，即 $|f(x)-A|\to 0$，则称函数 $f(x)$ 当 x 趋于 x_0 时以 A 为极限，记作

$$\lim_{x\to x_0} f(x)=A \quad 或 \quad f(x)\to A(x\to x_0)$$

有些时候，当 x 从 x_0 的左右两侧趋近于 x_0 时，函数 $f(x)$ 的变化趋势完全不同；另有一些情形，函数 $f(x)$ 仅在点 x_0 的某一侧（左侧或右侧）有定义. 因此，我们需要分别考察 x 从 x_0 左右两侧趋近于 x_0 时 $f(x)$ 的变化趋势. 这就产生了左极限和右极限的概念.

若当 $x\to x_0^-$ 时，函数 $f(x)$ 趋于某个确定的常数 A，则称函数 $f(x)$ 以 A 为左极限，记作

$$\lim_{x\to x_0^-} f(x)=A \quad 或 \quad f(x)\to A(x\to x_0^-)$$

若当 $x\to x_0^+$ 时，函数 $f(x)$ 趋于某个确定的常数 A，则称函数 $f(x)$ 以 A 为右极限，记作

$$\lim_{x\to x_0^+} f(x)=A \quad 或 \quad f(x)\to A(x\to x_0^+)$$

函数 $f(x)$ 在点 x_0 的左极限和右极限分别记作 $f(x_0-0)$ 和 $f(x_0+0)$.

函数 $f(x)$ 在点 x_0 的左极限和右极限与该函数在点 x_0 的极限有如下结论：

极限 $\lim\limits_{x\to x_0}f(x)$ 存在且等于 A 的充分必要条件是极限 $\lim\limits_{x\to x_0^-}f(x)$ 与 $\lim\limits_{x\to x_0^+}f(x)$ 都存在且等于 A,即

$$\lim_{x\to x_0}f(x)=A\Leftrightarrow\lim_{x\to x_0^-}f(x)=A=\lim_{x\to x_0^+}f(x)$$

这里需要说明两点：

(1) 无论哪种情形,x_0 是一个定点,是一个确定的数,而 x 是动点,是变化的量.

(2) 在 x 的上述三种变化过程中,x 无限趋近于 x_0,但永远不等于 x_0.

例 4 设 $f(x)=x+1$,讨论当 $x\to1$ 时 $f(x)$ 的变化趋势.

解 由图 2-5 可知：

当 $x\to1$ 时 $f(x)$ 无限地趋近于 M_0 点,则

$$\lim_{x\to1}(x+1)=2$$

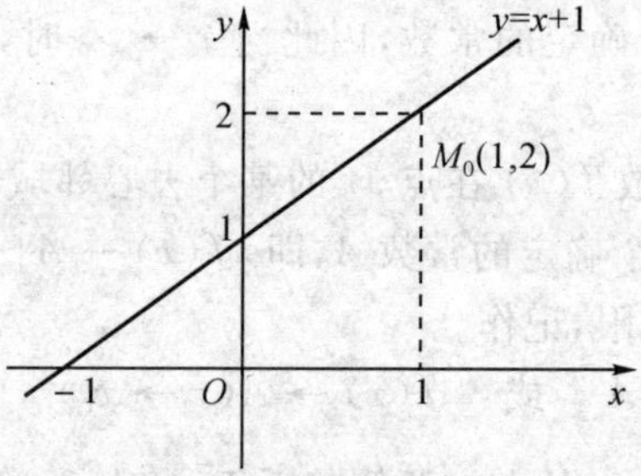

图 2-5

例 5 设 $\varphi(x)=\dfrac{x^2-1}{x-1}$,讨论当 $x\to1$ 时,函数 $\varphi(x)$ 的变化情况.

解 $\varphi(x)$ 在 $x=1$ 没有定义.由于在 $x\to1$ 的变化过程中,不取 $x=1$;而当 $x\neq1$ 时,$\dfrac{x^2-1}{x-1}=\dfrac{(x+1)(x-1)}{x-1}=x+1$,所以由图 2-6 可以观察到,当 $x\to1$ 时,函数 $\varphi(x)$ 的值趋向于 2,即 $\varphi(x)$ 以 2 为极限,记作

$$\lim_{x\to1}\frac{x^2-1}{x-1}=\lim_{x\to1}(x+1)=2$$

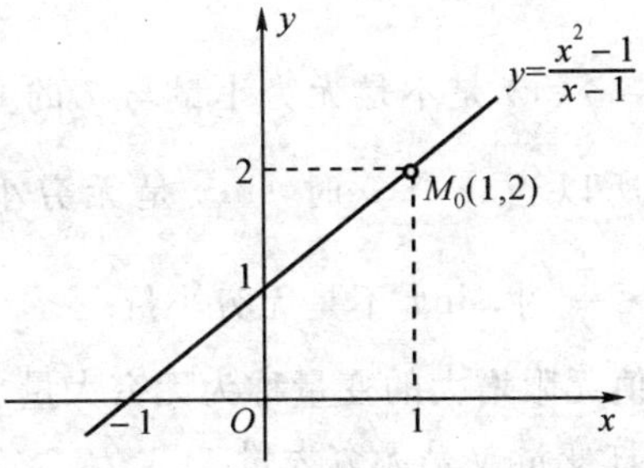

图 2-6

例 6　设函数 $f(x)=\begin{cases}x-1, & x<0\\ 0, & x=0,\\ x+1, & x>0\end{cases}$ 试讨论在 $x=0$ 处的极限.

解　$x=0$ 是分段函数的分段点,观察图 2-7 易知:

$$\lim_{x\to 0^-}f(x)=\lim_{x\to 0^-}(x-1)=-1$$

$$\lim_{x\to 0^+}f(x)=\lim_{x\to 0^+}(x+1)=1$$

由极限的充分必要条件知,极限 $\lim\limits_{x\to 0}f(x)$ 不存在.

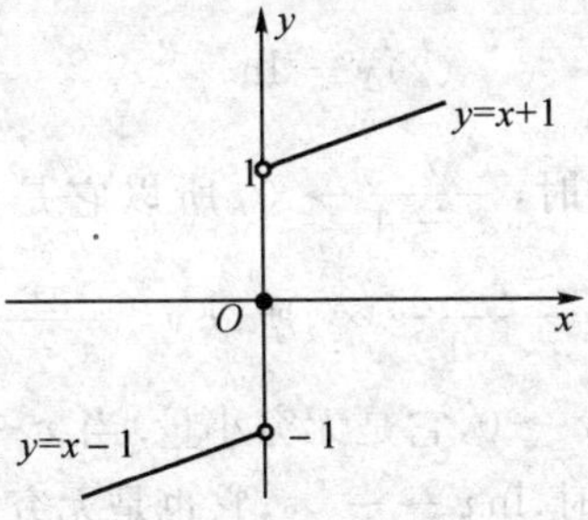

图 2-7

2.1.4　无穷小和无穷大

定义 2.4　极限为零的变量称为无穷小量.

例如,因为 $\lim\limits_{n\to\infty}\frac{1}{2^n}=0$,所以当 $n\to\infty$ 时,变量 $\frac{1}{2^n}$ 是无穷小量.

因为 $\lim\limits_{x\to 0}\sin x=0$,所以当 $x\to 0$ 时,变量 $\sin x$ 是无穷小量.

理解无穷小概念时,必须特别注意:

(1) 无穷小量是变量,除常数 0 外(因为 $\lim 0=0$),任何常数都不是无穷小量.

(2) 一个函数 $y=f(x)$ 是不是无穷小量与 x 的变化过程有关. 例如,当 $x\to 0$ 时,$\sin x\to 0$,所以当 $x\to 0$ 时,$\sin x$ 是无穷小量;而当 $x\to\frac{\pi}{2}$ 时,$\sin x\to 1$,所以当 $x\to\frac{\pi}{2}$ 时,$\sin x$ 不是无穷小量.

定义 2.5 绝对值无限增大的变量称为无穷大量.

若 $\lim y=\infty$,则称变量 y 是无穷大量.

例如 当 $x\to 1$ 时,$y=\frac{1}{x-1}$ 是无穷大量.

由无穷小量与无穷大量的定义可以得到两者之间有如下关系:

在自变量的同一变化过程中:

(1) y 是无穷大量,则 $\frac{1}{y}$ 是无穷小量;

(2) y 是无穷小量且 $y\neq 0$,则 $\frac{1}{y}$ 是无穷大量.

例如 当 $x\to+\infty$ 时,$y=e^x$ 是无穷大量,而 $\frac{1}{y}=e^{-x}$ 是无穷小量.

例 7 直观判断下列变量,当 $x\to$?时是无穷小量,当 $x\to$?时是无穷大量.

(1) $y=\frac{x}{x-1}$ (2) $y=\ln x$

解 (1) 当 $x\to 0$ 时,$\frac{x}{x-1}\to 0$,所以它是无穷小量;当 $x\to 1$ 时,$\frac{1}{y}=\frac{x-1}{x}\to 0$,即 $y=\frac{x}{x-1}\to\infty$,所以 $y=\frac{x}{x-1}$ 当 $x\to 1$ 时是无穷大量.

(2) 当 $x\to 1$ 时,$\ln x\to 0$,它是无穷小量. 当 $x\to+\infty$ 时,$\ln x\to+\infty$,它是无穷大量. 当 $x\to 0^+$ 时,$\ln x\to-\infty$,它也是无穷大量.

习题 2.1

1. 观察下列数列当 $n\to\infty$ 时的变化趋势,指出哪些有极限,极限值是多少?哪些没有极限?

(1) $\{x_n\}=\{\frac{1}{3^n}\}$ (2) $\{x_n\}=\{(-1)^n\frac{1}{n}\}$

(3) $\{x_n\}=\{2+\frac{1}{n^2}\}$ (4) $\{x_n\}=\{\frac{n-1}{n+1}\}$

(5) $\{x_n\}=\{(-1)^n n\}$ (6) $\{x_n\}=\{\cos 2n\pi\}$

2. 设 $u_1 = 0.9$，$u_2 = 0.99$，$u_3 = 0.999$，…，$u_n = 0.\underbrace{999\cdots9}_{n个}$，问

(1) $\lim\limits_{n\to\infty} u_n = ?$

(2)n 应为何值时，才能使 u_n 与其极限之差的绝对值小于 0.0001？

3. 设 $f(x) = \begin{cases} x, & x < 3 \\ 3x - 1, & x \geqslant 3 \end{cases}$，画出函数 $f(x)$ 的图形，并求当 $x \to 3$ 时 $f(x)$ 的左右极限.

4. 证明：$\lim\limits_{x\to0} \dfrac{|x|}{x}$ 不存在.

5. 设 $f(x) = \dfrac{|x-1|}{x-1}$，求 $\lim\limits_{x\to1^-} f(x)$ 及 $\lim\limits_{x\to1^+} f(x)$，由此说明 $\lim\limits_{x\to1} f(x)$ 的不存在性.

6. 以下数列在 $n \to \infty$ 时是否为无穷小量？

(1)$\{x_n\} = \{(-1)^{n+1}\dfrac{1}{2^n}\}$　　(2)$\{x_n\} = \{\dfrac{1+(-1)^n}{n}\}$

(3)$\{x_n\} = \{\dfrac{1}{n^2}\}$　　(4)$\{x_n\} = \{\sin 2n\pi\}$

7. 函数 $f(x) = \dfrac{1}{(x-3)^2}$ 在什么变化过程中是无穷小量？又在什么变化过程中是无穷大量？

8. 当 $x \to 0$ 时，下列变量中哪些是无穷小量？

$100x^2$，$\sqrt[3]{x}$，$\dfrac{2}{x}$，$\dfrac{x}{0.01}$，$\dfrac{x}{x^2}$，$\dfrac{x^2}{x}$，$x^2 + 0.01x$，$\dfrac{1}{2}x - x^2$，$\sin x$，2^x，$\cot x$

9. 当 $x \to \infty$ 时，下列变量中哪些是无穷大量？

$\sin x$，$\sqrt[3]{x}$，$\dfrac{1}{x}$，e^x，$\dfrac{x}{x^2}$，$\tan x$，$x^2 + 0.01x$，$\ln x$

2.2　极限运算

2.2.1　极限运算法则

用极限定义去求变量的极限只适用于一些非常简单的情形. 实际问题中的变量一般都比较复杂，需要有另外的方法去计算变量的极限. 本节要介绍的极限的四则运算法则，就为计算变量的极限提供了很大的便利.

定理 2.1　(极限的四则运算法则)

设 $\lim f(x) = A$， $\lim g(x) = B$，则

(1) $\lim(f(x) \pm g(x)) = A \pm B$

(2) $\lim(f(x) \cdot g(x)) = AB$， 特别有

① $\lim Cf(x) = C\lim f(x) = CA$ （C 为常数）

② $\lim[f(x)]^n = [\lim f(x)]^n = A^n$ （A 为正整数）

(3) $\lim \dfrac{f(x)}{g(x)} = \dfrac{A}{B} \quad (B \neq 0)$

注意：$\lim f(x) = A$， $\lim g(x) = B$ 必须是同一个变化过程；A 与 B 必须是常数.

定理 2.2 （无穷小量运算法则）

对同一变化过程中的无穷小量与有界变量，则

(1) 有限个无穷小量的和仍是无穷小量；

(2) 无穷小量与有界变量的乘积是无穷小量，特别有：

① 无穷小量与常量的乘积是无穷小量；

② 有限个无穷小量的乘积是无穷小量.

例 1 求 $\lim\limits_{x\to 1}(2x+1)$

解 $\lim\limits_{x\to 1}(2x+1) = \lim\limits_{x\to 1}2x + \lim\limits_{x\to 1}1 = 2\lim\limits_{x\to 1}x + \lim\limits_{x\to 1}1 = 2+1 = 3$

例 2 求 $\lim\limits_{x\to 2}\dfrac{x^3-1}{x^2-5x+3}$

解 这里分母的极限不为零，故

$$\lim_{x\to 2}\frac{x^3-1}{x^2-5x+3} = \frac{\lim\limits_{x\to 2}(x^3-1)}{\lim\limits_{x\to 2}(x^2-5x+3)} = \frac{\lim\limits_{x\to 2}x^3 - \lim\limits_{x\to 2}1}{\lim\limits_{x\to 2}x^2 - 5\lim\limits_{x\to 2}x + \lim\limits_{x\to 2}3}$$

$$= \frac{(\lim\limits_{x\to 2}x)^3 - 1}{(\lim\limits_{x\to 2}x)^2 - 10 + 3} = -\frac{7}{3}$$

由上面两个例题可以看出，对于多项式

$$P_n(x) = a_0x^n + a_1x^{n-1} + \cdots + a_{n-1}x + a_n$$

和有理分式函数

$$F(x) = \frac{P(x)}{Q(x)} \quad \text{（其中 } P(x), Q(x) \text{ 都是多项式）}$$

当 $P_n(x), P(x), Q(x)$ 在 $x = x_0$ 有定义且 $Q(x_0) \neq 0$ 时，

$$\lim_{x\to x_0}P_n(x) = P_n(x_0)$$

及
$$\lim_{x\to x_0}F(x) = \lim_{x\to x_0}\frac{P(x)}{Q(x)} = \frac{\lim\limits_{x\to x_0}P(x)}{\lim\limits_{x\to x_0}Q(x)} = \frac{P(x_0)}{Q(x_0)} = F(x_0)$$

必须注意：若 $Q(x_0)=0$，则关于商的极限运算法则不能应用. 下面举例说明.

例 3　求 $\lim\limits_{x\to 1}\dfrac{x}{x-1}$

解　因为 $\lim\limits_{x\to 1}\dfrac{x-1}{x}=0$，由无穷大量和无穷小量的倒数关系得

$$\lim_{x\to 1}\frac{x}{x-1}=\infty$$

例 4　求 $\lim\limits_{x\to 3}\dfrac{x-3}{x^2-9}$

解　$\lim\limits_{x\to 3}\dfrac{x-3}{x^2-9}=\lim\limits_{x\to 3}\dfrac{x-3}{(x-3)(x+3)}=\lim\limits_{x\to 3}\dfrac{1}{x+3}=\dfrac{1}{6}$

例 5　求 $\lim\limits_{x\to\infty}\dfrac{3x^3+4x^2+2}{7x^3+5x^2-3}$

解　先用 x^3 去除分母及分子，再取极限

$$\lim_{x\to\infty}\frac{3x^3+4x^2+2}{7x^3+5x^2-3}=\lim_{x\to\infty}\frac{3+\dfrac{4}{x}+\dfrac{2}{x^3}}{7+\dfrac{5}{x}-\dfrac{3}{x^3}}=\frac{3}{7}$$

例 6　求 $\lim\limits_{x\to\infty}\dfrac{3x^2-2x-1}{2x^3-x^2+5}$

解　先用 x^3 去除分母及分子，再取极限

$$\lim_{x\to\infty}\frac{3x^2-2x-1}{2x^3-x^2+5}=\lim_{x\to\infty}\frac{\dfrac{3}{x}-\dfrac{2}{x^2}-\dfrac{1}{x^3}}{2-\dfrac{1}{x}+\dfrac{5}{x^3}}=\frac{0}{2}=0$$

例 7　求 $\lim\limits_{x\to\infty}\dfrac{2x^3-x^2+5}{3x^2-2x-1}$

解　应用例 6 的结果及无穷小量与无穷大量的倒数关系得：

$$\lim_{x\to\infty}\frac{2x^3-x^2+5}{3x^2-2x-1}=\infty$$

例 5、6、7 是下列一般情形的特例，即当 $a_0\neq 0, b_0\neq 0, m$ 和 n 为非负整数时，有

$$\lim_{x\to\infty}\frac{a_0x^m+a_1x^{m-1}+\cdots+a_m}{b_0x^n+b_1x^{n-1}+\cdots+b_n}=\begin{cases}\dfrac{a_0}{b_0}, & m=n\\ 0, & m<n\\ \infty, & m>n\end{cases}$$

例 8　求 $\lim\limits_{x\to\infty}\dfrac{\sin x}{x}$

解　当 $x\to\infty$ 时，分子及分母的极限都不存在，故关于极限的运算法则

不能应用. 如果把$\frac{\sin x}{x}$看作$\sin x$与$\frac{1}{x}$的乘积，由于$\frac{1}{x}$当$x\to\infty$时为无穷小量，而$\sin x$是有界函数，由定理 2.2 有

$$\lim_{x\to\infty}\frac{\sin x}{x}=0$$

例 9 求$\lim\limits_{x\to 3}\frac{\sqrt{x+1}-2}{x-3}$

解
$$\lim_{x\to 3}\frac{\sqrt{x+1}-2}{x-3}=\lim_{x\to 3}\frac{(\sqrt{x+1}-2)(\sqrt{x+1}+2)}{(x-3)(\sqrt{x+1}+2)}$$
$$=\lim_{x\to 3}\frac{x+1-4}{(x-3)(\sqrt{x+1}+2)}=\lim_{x\to 3}\frac{1}{\sqrt{x+1}+2}=\frac{1}{4}$$

例 10 求$\lim\limits_{x\to+\infty}\frac{\sqrt{x^2+3x+2}}{3x-2}$

解 这里出现了无理式，当$x\to+\infty$时，分子和分母的极限都是$+\infty$，但仍用例 5、6、7 的方法，用分母的最高次幂x除分母与分子，

$$\lim_{x\to+\infty}\frac{\sqrt{x^2+3x+2}}{3x-2}=\lim_{x\to+\infty}\frac{\sqrt{1+\frac{3}{x}+\frac{2}{x^2}}}{3-\frac{2}{x}}=\frac{1}{3}$$

例 11 求$\lim\limits_{x\to 1}\left(\frac{1}{1-x}-\frac{3}{1-x^3}\right)$

解 当$x\to 1$时，$\frac{1}{1-x}\to\infty$，$\frac{3}{1-x^3}\to\infty$，而$\infty-\infty$不能运算，先通分化成一个分式，再求极限

$$\lim_{x\to 1}\left(\frac{1}{1-x}-\frac{3}{1-x^3}\right)=\lim_{x\to 1}\frac{x^2+x-2}{1-x^3}=\lim_{x\to 1}\frac{(x-1)(x+2)}{(1-x)(1+x+x^2)}$$
$$=-\lim_{x\to 1}\frac{x+2}{1+x+x^2}=-\frac{3}{3}=-1$$

小结：

(1) 运用极限四则运算法则时，必须注意只有各项极限存在(对商，还要分母极限不为 0) 才能适用；

(2) 如果所求极限呈现$\frac{0}{0}$，$\frac{\infty}{\infty}$等形式不能直接用极限四则运算法则，必须先对原式进行恒等变形(如约分、通分、有理化和变量代换等)，然后再求极限；

(3) 当出现$\sin\infty$，$\cos\infty$的情况时，可以利用“无穷小量与有界变量的乘积为无穷小量”的这一性质求极限.

2.2.2　两个重要极限

在极限运算时，我们经常要用到下面两个重要极限：

$$\lim_{x\to 0}\frac{\sin x}{x}=1 \quad 及 \quad \lim_{x\to\infty}(1+\frac{1}{x})^x=e$$

对于这两个重要极限的证明，我们不做要求，有兴趣的同学可以参阅其他教材.

2.2.2.1　$\lim\limits_{x\to 0}\frac{\sin x}{x}=1$

这个极限称为第一个重要极限. 因 $x\to 0$ 时，分子 $\sin x$ 和分母 x 都趋近于 0，故不能用极限运算法则. 若将极限 $\lim\limits_{x\to 0}\frac{\sin x}{x}=1$ 中的变量 x 换成 x 的函数 $u=\varphi(x)$，则有公式

$$\lim_{u\to 0}\frac{\sin u}{u}=1$$

这个极限也可以作为一个公式来用.

例 12　求 $\lim\limits_{x\to 0}\frac{\tan x}{x}$

解　$\lim\limits_{x\to 0}\frac{\tan x}{x}=\lim\limits_{x\to 0}\frac{\sin x}{x}\cdot\frac{1}{\cos x}=1\times 1=1$

例 13　求 $\lim\limits_{x\to 0}\frac{1-\cos x}{x^2}$

解

$$\lim_{x\to 0}\frac{1-\cos x}{x^2}=\lim_{x\to 0}\frac{(1-\cos x)(1+\cos x)}{x^2(1+\cos x)}=\lim_{x\to 0}\frac{1-\cos^2 x}{x^2(1+\cos x)}$$

$$=\lim_{x\to 0}(\frac{\sin x}{x})^2\cdot\frac{1}{1+\cos x}=\frac{1}{2}$$

例 14　求 $\lim\limits_{x\to 0}\frac{\sin 3x}{x}$

解　$\lim\limits_{x\to 0}\frac{\sin 3x}{x}=3\lim\limits_{x\to 0}\frac{\sin 3x}{3x}=3\times 1=3$

例 15　求 $\lim\limits_{x\to 0}\frac{\arcsin x}{x}$

解　令 $u=\arcsin x$，则 $x=\sin u$，当 $x\to 0$ 时，$u\to 0$，于是

$$\lim_{x\to 0}\frac{\arcsin x}{x}=\lim_{u\to 0}\frac{u}{\sin u}=\lim_{u\to 0}\frac{1}{\frac{\sin u}{u}}=1$$

例 16　证明圆的周长公式 $L=2\pi r$

解　设圆的中心为 O，半径为 r，则用中学学过的数学知识可以证明：圆

的内接正 n 边形的周长为

$$L_n = 2nr\sin\frac{\pi}{n}$$

定义圆的周长 L 就是当 $n \to \infty$ 时 L_n 的极限：$L = \lim\limits_{n\to\infty} L_n$

当 $n \to \infty$ 时，$\frac{\pi}{n} \to 0$，$\sin\frac{\pi}{n} \to 0$，于是

$$L = \lim_{n\to\infty} L_n = \lim_{n\to\infty} 2nr\sin\frac{\pi}{n} = \lim_{n\to\infty} 2\pi r\frac{\sin\frac{\pi}{n}}{\frac{\pi}{n}} = 2\pi r \times 1 = 2\pi r$$

2.2.2.2　$\lim\limits_{x\to\infty}(1+\frac{1}{x})^x = \mathrm{e}$　$(\mathrm{e} = 2.718281828459045\cdots)$

或写成　$\lim\limits_{t\to 0}(1+t)^{\frac{1}{t}} = \mathrm{e}$

$\lim\limits_{u\to\infty}(1+\frac{1}{u})^u = \mathrm{e}$　$(u = \varphi(x))$

这个极限称为第二个重要极限.

例 17　求 $\lim\limits_{x\to\infty}(1+\frac{3}{x})^{2x}$

解　令 $t = \frac{3}{x}$，则 $x = \frac{3}{t}$，当 $x \to \infty$ 时，$t \to 0$，于是

$$\lim_{x\to\infty}(1+\frac{3}{x})^{2x} = \lim_{t\to 0}(1+t)^{2\cdot\frac{3}{t}} = \lim_{t\to 0}[(1+t)^{\frac{1}{t}}]^6 = \mathrm{e}^6$$

或者　$\lim\limits_{x\to\infty}(1+\frac{3}{x})^{2x} = \lim\limits_{x\to 0}\left(1+\frac{3}{x}\right)^{\frac{x}{3}\cdot 6} = \lim\limits_{x\to\infty}\left[\left(1+\frac{3}{x}\right)^{\frac{x}{3}}\right]^6 = \mathrm{e}^6$

例 18　求 $\lim\limits_{x\to\infty}(1-\frac{1}{x})^x$

解　$\lim\limits_{x\to\infty}(1-\frac{1}{x})^x = \lim\limits_{x\to\infty}\left[1+\left(-\frac{1}{x}\right)\right]^{(-x)(-1)} = \mathrm{e}^{-1}$

例 19　求 $\lim\limits_{x\to\infty}(\frac{x}{1+x})^x$

解　由于 $(\frac{x}{1+x})^x = (\frac{1+x}{x})^{-x} = (1+\frac{1}{x})^{-x}$，故

$$\lim_{x\to\infty}(\frac{x}{1+x})^x = \lim_{x\to\infty}(\frac{1+x}{x})^{-x} = \lim_{x\to\infty}(1+\frac{1}{x})^{-x} = [\lim_{x\to\infty}(1+\frac{1}{x})^x]^{-1} = \mathrm{e}^{-1}$$

例 20　求 $\lim\limits_{x\to\infty}(\frac{x+3}{x-1})^x$

解法一　$\frac{x+3}{x-1} = \frac{x-1+4}{x-1} = 1+\frac{4}{x-1}$

令 $t = x-1$，则 $x = t+1$，并且当 $x \to \infty$ 时，$t \to \infty$ 于是有

$$\lim_{x\to\infty}\left(\frac{x+3}{x-1}\right)^x=\lim_{x\to\infty}\left(1+\frac{4}{x-1}\right)^x=\lim_{t\to\infty}\left(1+\frac{4}{t}\right)^{t+1}=\lim_{t\to\infty}\left[\left(1+\frac{4}{t}\right)^t\cdot\left(1+\frac{4}{t}\right)\right]$$

$$=\lim_{t\to\infty}\left(1+\frac{4}{t}\right)^t\times\lim_{t\to\infty}\left(1+\frac{4}{t}\right)=e^4\times 1=e^4$$

解法二

$$\lim_{x\to\infty}\left(\frac{x+3}{x-1}\right)^x=\lim_{x\to\infty}\left(\frac{\frac{x+3}{x}}{\frac{x-1}{x}}\right)^x=\lim_{x\to\infty}\frac{\left(1+\frac{3}{x}\right)^x}{\left(1-\frac{1}{x}\right)^x}=\frac{\lim\limits_{x\to\infty}\left(1+\frac{3}{x}\right)^x}{\lim\limits_{x\to\infty}\left(1-\frac{1}{x}\right)^x}=\frac{e^3}{e^{-1}}=e^4$$

常见错误

1. 计算过程中经常多了极限符号或少了极限符号.

如求 $\lim\limits_{x\to\infty}\frac{3x^3+4x^2+2}{7x^3+5x^2-3}$

错误解法:(1) 少了极限符号

$$\lim_{x\to\infty}\frac{3x^3+4x^2+2}{7x^3+5x^2-3}=\frac{3+\frac{4}{x}+\frac{2}{x^3}}{7+\frac{5}{x}-\frac{3}{x^3}}=\frac{3}{7}$$

(2) 多了极限符号

$$\lim_{x\to\infty}\frac{3x^3+4x^2+2}{7x^3+5x^2-3}=\lim_{x\to\infty}\frac{3+\frac{4}{x}+\frac{2}{x^3}}{7+\frac{5}{x}-\frac{3}{x^3}}=\lim_{x\to\infty}\frac{3}{7}=\frac{3}{7}$$

正确解法

$$\lim_{x\to\infty}\frac{3x^3+4x^2+2}{7x^3+5x^2-3}=\lim_{x\to\infty}\frac{3+\frac{4}{x}+\frac{2}{x^3}}{7+\frac{5}{x}-\frac{3}{x^3}}=\frac{3}{7}$$

2. 计算过程中出现 $\frac{0}{0}=0$，　$\frac{\infty}{\infty}=\infty$，　$\frac{1}{\infty}=0$，　$\frac{1}{0}=\infty$.

(1) 求 $\lim\limits_{x\to 3}\frac{x-3}{x^2-9}$

错误解法: $\lim\limits_{x\to 3}\frac{x-3}{x^2-9}=\frac{0}{0}=0$

正确解法: $\lim\limits_{x\to 3}\frac{x-3}{x^2-9}=\lim\limits_{x\to 3}\frac{x-3}{(x-3)(x+3)}=\lim\limits_{x\to 3}\frac{1}{x+3}=\frac{1}{6}$

(2) 求 $\lim\limits_{x\to 1}\frac{x}{x-1}$

错误解法: $\lim\limits_{x\to 1}\frac{x}{x-1}=\frac{1}{0}=\infty$

正确解法：因为$\lim\limits_{x\to1}\dfrac{x-1}{x}=0$，由无穷大量和无穷小量的倒数关系得

$$\lim_{x\to1}\frac{x}{x-1}=\infty$$

3.应用第一个重要极限时要正确判断是否符合条件.

如求$\lim\limits_{x\to\infty}\dfrac{\sin x}{x}$，$\lim\limits_{x\to0}\dfrac{\sin\frac{1}{x}}{\frac{1}{x}}$

错误解法：$\lim\limits_{x\to\infty}\dfrac{\sin x}{x}=1$，$\lim\limits_{x\to0}\dfrac{\sin\frac{1}{x}}{\frac{1}{x}}=1$

正确解法：利用无穷小量和有界变量的乘积是无穷小量这一性质求解

$$\lim_{x\to\infty}\frac{\sin x}{x}=\lim_{x\to\infty}\frac{1}{x}\cdot\sin x=0,\quad \lim_{x\to0}\frac{\sin\frac{1}{x}}{\frac{1}{x}}=\lim_{x\to0}x\sin\frac{1}{x}=0$$

4.1 的有限次方为 1，1 的无穷次方就不一定是 1.

如求$\lim\limits_{x\to\infty}(1+\dfrac{3}{x})^{2x}$

错误解法：$\lim\limits_{x\to\infty}(1+\dfrac{3}{x})^{2x}=1^{\infty}=1$，或 $\lim\limits_{x\to\infty}(1+\dfrac{3}{x})^{2x}=\mathrm{e}$

正确解法：$\lim\limits_{x\to\infty}(1+\dfrac{3}{x})^{2x}=\lim\limits_{x\to0}(1+\dfrac{3}{x})^{\frac{x}{3}\cdot6}=\lim\limits_{x\to\infty}\left[(1+\dfrac{3}{x})^{\frac{x}{3}}\right]^{6}=\mathrm{e}^{6}$

习题 2.2

1.求下列极限：

(1) $\lim\limits_{n\to\infty}\dfrac{10000n}{n^2+1}$

(2) $\lim\limits_{n\to\infty}(1-\dfrac{1}{\sqrt[n]{3}})\sin n$

(3) $\lim\limits_{n\to\infty}(\dfrac{1}{n^2}+\dfrac{2}{n^2}+\cdots+\dfrac{n-1}{n^2})$

(4) $\lim\limits_{n\to\infty}\left(\dfrac{1}{1\times2}+\dfrac{1}{2\times3}+\cdots+\dfrac{1}{n(n+1)}\right)$

(5) $\lim\limits_{n\to\infty}\dfrac{(-2)^n+3^n}{(-2)^{n+1}+3^{n+1}}$

(6) $\lim\limits_{n\to\infty}\dfrac{1+a+a^2+\cdots+a^n}{1+b+b^2+\cdots+b^n}$　$(|a|<1,|b|<1)$

(7) $\lim\limits_{n\to\infty}\dfrac{n^2+n+1}{(n-1)^2}$

2. 下列极限计算是否正确，为什么？

(1) $\lim\limits_{x\to\infty}\dfrac{x-1}{x+1}=\dfrac{\lim\limits_{x\to\infty}(x-1)}{\lim\limits_{x\to\infty}(x+1)}=\dfrac{\infty}{\infty}$

(2) $\lim\limits_{x\to3}\dfrac{x-3}{x^2-9}=\dfrac{\lim\limits_{x\to3}(x-3)}{\lim\limits_{x\to3}(x^2-9)}=\dfrac{0}{0}=1$

3. 求下列极限：

(1) $\lim\limits_{x\to2}\dfrac{x^2+5}{x-3}$　(2) $\lim\limits_{x\to-1}\dfrac{x^2+2x+5}{x^2+1}$

(3) $\lim\limits_{x\to\sqrt{3}}\dfrac{x^2-3}{x^2+1}$　(4) $\lim\limits_{x\to4}\dfrac{x^2-6x+8}{x^2-5x+4}$

(5) $\lim\limits_{x\to0}\dfrac{4x^3-2x^2+x}{3x^2+2x}$　(6) $\lim\limits_{h\to0}\dfrac{(x+h)^2-x^2}{h}$

(7) $\lim\limits_{x\to1}\dfrac{x^2+2x-3}{x^2-1}$　(8) $\lim\limits_{x\to\infty}\dfrac{x^2-1}{2x^2-x-1}$

(9) $\lim\limits_{x\to0}\dfrac{\sqrt{1+x}-1}{\sqrt{1-x}-1}$　(10) $\lim\limits_{n\to\infty}(\sqrt{n^2+n}-\sqrt{n^2-2n})$

(11) $\lim\limits_{x\to4}\dfrac{x-4}{\sqrt{x-3}-1}$　(12) $\lim\limits_{x\to+\infty}\dfrac{(x-1)^{10}(2x-3)^{10}}{(3x-5)^{20}}$

4. 计算下列极限：

(1) $\lim\limits_{x\to0}\dfrac{\sin3x}{x}$　(2) $\lim\limits_{x\to0}\dfrac{\sin mx}{\sin nx}$　(m,n 为整数)

(3) $\lim\limits_{n\to0}(n\sin\dfrac{\pi}{n})$　(4) $\lim\limits_{x\to\pi}\dfrac{\sin x}{\pi-x}$

(5) $\lim\limits_{x\to0}\dfrac{\arctan x}{x}$　(6) $\lim\limits_{x\to0^+}\dfrac{x}{\sqrt{1-\cos x}}$

(7) $\lim\limits_{x\to0}\dfrac{\sqrt{1-\cos^2x}}{1-\cos x}$　(8) $\lim\limits_{x\to0}\dfrac{\arctan x}{\arcsin x}$

5. 计算下列极限：

(1) $\lim\limits_{n\to\infty}(1+\dfrac{1}{n+1})^n$　(2) $\lim\limits_{x\to\infty}(1+\dfrac{2}{x})^{x+3}$

(3) $\lim\limits_{x\to0}(1-3x)^{\frac{1}{x}}$　(4) $\lim\limits_{x\to\infty}(\dfrac{x}{x+1})^x$

(5) $\lim\limits_{x\to\infty}(\dfrac{x-1}{x+1})^x$　(6) $\lim\limits_{x\to0}(1+\tan x)^{\cot x}$

*6. 计算下列极限：

(1) $\lim\limits_{x\to 0}\dfrac{\ln(1+2x)}{\tan 4x}$ (2) $\lim\limits_{x\to 0}\dfrac{\sqrt{1+x}-\sqrt{1-x}}{\sin x}$

(3) $\lim\limits_{m\to\infty}(1-\dfrac{1}{m^2})^m$ (4) $\lim\limits_{x\to\infty}\left(\dfrac{x^2}{x^2-1}\right)^x$

(5) $\lim\limits_{x\to 0}\dfrac{\ln(1+x)}{e^x-1}$ (6) $\lim\limits_{x\to 0}\dfrac{e^x-1}{x}$

*7. 由已知条件确定 a、b 的值.

(1) $\lim\limits_{x\to\infty}\left(\dfrac{x^2+1}{x+1}-ax-b\right)=0$

(2) $\lim\limits_{x\to+\infty}(\sqrt{x^2-x+1}-ax-b)=0$

(3) $\lim\limits_{x\to 1}\dfrac{x^2+ax+b}{\sin(x-1)}=3$ (4) $\lim\limits_{x\to 1}\dfrac{x^2+ax+b}{1-x}=5$

2.3 极限应用

2.3.1 证明公式

无穷等比数列求和公式： $S=\dfrac{a_0}{1-q}$

设有一无穷等比数列，其首项为 a_0，公比为 $q(|q|<1)$. 从首项至第 n 项的和为 S_n，则

$$S_n=a_0+a_0q+a_0q^2+a_0q^3+\cdots+a_0q^{n-1}$$

两边同乘 q 得

$$qS_n=a_0q+a_0q^2+a_0q^3+\cdots+a_0q^{n-1}+a_0q^n$$

两式相减得

$$\begin{aligned}(1-q)S_n&=(a_0+a_0q+a_0q^2+\cdots+a_0q^{n-1})-(a_0q+a_0q^2+\cdots\\&\quad+a_0q^{n-1}+a_0q^n)\\&=a_0-a_0q^n\end{aligned}$$

两边同时除以 $1-q$ 得

$$S_n=\frac{a_0(1-q^n)}{1-q}$$

当 $n\to\infty$ 时，$q^n\to 0$(因为 $|q|<1$)，得

$$S=\lim_{n\to\infty}S_n=\frac{a_0(1-0)}{1-q}=\frac{a_0}{1-q}$$

例 1　将循环小数 0.12121212… 表示成分数

解　
$$
\begin{aligned}
0.12121212\cdots &= 0.12 + 0.0012 + 0.000012 + 0.00000012 + \cdots \\
&= \frac{12}{100} + \frac{12}{10000} + \frac{12}{1000000} + \frac{12}{100000000} + \cdots \\
&= \frac{12}{100} + \frac{12}{100}\cdot\frac{1}{100} + \frac{12}{100}\cdot\left(\frac{1}{100}\right)^2 + \frac{12}{100}\cdot\left(\frac{1}{100}\right)^3 \\
&\quad + \cdots \\
&= \frac{\frac{12}{100}}{1-\frac{1}{100}} = \frac{\frac{12}{100}}{\frac{99}{100}} = \frac{12}{99} = \frac{4}{33}
\end{aligned}
$$

2.3.2　复利与贴现

现有本金 A_0，以年利率 r 贷出，若以复利计息，t 年末 A_0 将增加到 A_t，试计算 A_t.

所谓复利计息，就是将每期利息于每期之末加入该期本金，并以此作为新本金再计算下期利息. 说得通俗些，就是"利滚利".

若以一年为一期计算利息，一年终的本利和为　$A_1 = A_0(1+r)$

二年终的本利和为　$A_2 = A_0(1+r)(1+r) = A_0(1+r)^2$

类推，t 年终的本利和为　$A_t = A_0(1+r)^t$

若仍以一年利率为 r，一年不是计息 1 期，而是一年计息 n 期，且以 $\frac{r}{n}$ 为每期的利息来计算. 在这种情况下，易推得，t 年终的本息和为

$$A_t = A_0\left(1+\frac{r}{n}\right)^{nt}$$

上述计算的"期"是确定的时间间隔，因而一年计息次数为有限次. 因而按离散情况计算 t 年末本利和 A_t 的复利公式为

$$A_t = A_0\left(1+\frac{r}{n}\right)^{nt}$$

若计息的"期"的时间间隔无限缩短，从而计息次数 $n\to\infty$. 这时，由于

$$\lim_{n\to\infty} A_0\left(1+\frac{r}{n}\right)^{nt} = A_0\lim_{n\to\infty}\left[\left(1+\frac{r}{n}\right)^{\frac{n}{r}}\right]^{rt} = A_0e^{rt}$$

所以，若以连续复利计息公式计算利息，其复利公式为

$$A_t = A_0e^{rt}$$

例 2　已知现有本金 100 元，年利率为 8%，则

一年为 1 期计算利息，一年终的本利和为

$$A_1 = 100 \times (1 + 0.08) = 108(\text{元})$$

一年为 2 期计算利息，一年终的本利和为

$$A_1 = 100 \times \left(1 + \frac{0.08}{2}\right)^2 = 108.16(\text{元})$$

一年为 12 期计算利息，一年终的本利和为

$$A_1 = 100 \times \left(1 + \frac{0.08}{2}\right)^{12} = 108.30(\text{元})$$

一年为 100 期计算利息，一年终的本利和为

$$A_1 = 100 \times \left(1 + \frac{0.08}{2}\right)^{100} = 108.325(\text{元})$$

连续复利计算，一年终的本利和为

$$A_1 = 100\mathrm{e}^{0.08} \approx 108.329(\text{元})$$

由例 2 知，年利率相同，而一年计息期数不同时，一年所得利息也不同. 如一年计息 1 期，是按 8% 计息；一年计息 12 期，是按 8.30% 计息；一年计息 100 期，是按 8.325% 计息；若连续复利计算，实际所得利息是按 8.329% 计算.

这样，若给定年利率，对于年期以下的复利，年利率 8% 为名义利率或虚利率，而实际计息之利率为实利率. 如，8.325% 为一年复利 100 期的实利率，8.329% 为一年连续复利的实利率.

在上述按离散情况计算复利的公式和按连续情况计算复利的公式中，现有本金 A_0 称为现在值，t 年终的本利和 A_t 称为未来值. 已知现在值求未来值是复利问题. 若已知未来值 A_t，求现在值 A_0，则称贴现问题，这时，利率 r 称为贴现率.

由复利公式易推出，若以年为期贴现，贴现公式是

$$A_0 = A_t(1 + r)^{-t}$$

若以年均分期贴现，由复利公式可得，贴现公式是

$$A_0 = A_t(1 + \frac{r}{n})^{-nt}$$

连续贴现公式是

$$A_0 = A_t\mathrm{e}^{-rt}$$

例 3 设年贴现率为 6.5%，按连续复利计息，现投资多少元，16 年之末可得 1200 元.

解 这是已知未来值求现在值的问题，是贴现问题.

已知贴现率 $r = 6.5\%$，未来值 $A_t = 1200$ 元，$t = 16$ 年，所以由连续贴现公式知，现在值

$$A_0 = A_t e^{-rt} = 1200 \times e^{-0.065\times 16} = \frac{1200}{e^{1.04}} = 424.15(\text{元})$$

连续复利公式 $A_t = A_0 e^{rt}$ 反映了世界上许多事物增长和衰减的规律. 例如,生物的生长、细胞的繁殖、放射性元素的衰变、人口的增长,以及设备折旧价值等都服从这个数学模型.

例 4　设人口自然增长率(出生率与死亡率之差)为 1%,问几年后人口将翻一番?

解　这个问题符合公式 $A_t = A_0 e^{rt}$ 所反映的规律,其中 A_0 表示原来的人口数,$r = 1\%$. 根据题设有 $A_t = 2A_0$,现在求 t.

因为 $2A_0 = A_0 e^{0.01t}$,即 $2 = e^{0.01t}$,两边取自然对数得

$$\ln 2 = 0.01t, t = \frac{\ln 2}{0.01} \approx 69(\text{年}).$$

例 5　设有一机器原来价值为 100000 元,因为它不断变旧,每年减少价值 0.9%. 问 10 年后,该机器的价值为多少?

解　这个问题符合公式 $A_t = A_0 e^{rt}$ 所反映的规律,不过它的增长率为负值. 根据题设 $r = -0.9\%$,$A_0 = 100000$,$t = 10$ 所以,10 年后该机器的价值为

$$A_{10} = 100000 e^{-0.009\times 10} = \frac{100000}{e^{0.09}} \approx 91393.48(\text{元})$$

习题 2.3

1. 将下列循环小数表示为分数:

(1)0.333333…　　　　(2)0.34343434…

(3)0.125125125125…　　　　(4)0.67676767…

2. 已知现有本金 50 万元,年利率 $r = 6.5\%$,$t = 1$ 年,则一年为 1 期计算利息,一年终的本利和为多少?一年为 10 期计算利息呢?一年为 120 期计算利息呢?若按连续复利计算呢?

3. 1000 元按年利率 6% 进行连续复利,20 年后,本利和为多少元?

4. 若 10 年后可收取的款额为 704.83 万元,已知贴现率为 7%,按连续贴现计算,问这笔款的现值是多少?

5. 设年贴现率为 6.5%,按连续复利计息,现投资多少元 20 年之末可得 1 万元.

6. 已知职工人数年增长率为 v,原有职工人数为 N,试确定 5 年后职工人数的精确值.

7. 一机器的原价值为 1000 元，因逐年变旧，每年价值减少 0.5%，问 5 年后机器的价值为多少？

8. 思考题

(1)$0.999999 = 1$，是正确还是错误的. 说明理由.

(2) 往一杯威士忌里掺水. 倒去一半后，用水补满原来的量. 接着再倒去一半，再用水补满. 如此反复操作后，杯中剩下的是否只有水了？说明理由.

(3) 抛球悖论：甲 $\frac{1}{2}$ 秒用把球抛给乙，乙随即用 $\frac{1}{4}$ 秒把球抛给甲，甲随即用 $\frac{1}{8}$ 秒把球抛给乙，如此往返抛掷，以至无穷次抛球，最后球落在谁手？

2.4 连续的概念

2.4.1 函数在一点连续的概念

在自然界和现实社会中，变量的变化有两种不同的形式：渐变和突变. 反映到数学上，就是函数的连续和间断.

如质量一定的水，其体积 V 是温度 T 的函数. 当温度 T 小于 100℃ 时，体积 V 随着温度的增高而逐渐增大，这个变化过程是渐变的. 即如果温度 T 变化很小，那么体积 V 的变化也很小. 但是当温度 T 达到 100℃ 时，由于气化使得水的体积 V 急剧增大而发生突变.

又如，在火箭的发射过程中，随着燃料的消耗，火箭的质量逐渐减少，质量变化是渐变的. 但当某一火箭中的燃料耗尽时，该级火箭的外壳自动脱落，于是火箭质量就发生突变.

我们用图 2-8 来阐明函数在一点连续最本质的数量特征. 观察两个函数 $y = f(x)$ 与 $y = \varphi(x)$ 的图形.

在点 x_0 处，曲线 $y = f(x)$ 是连续的，反映在图形上是一条连续不断的曲线，即函数图形能够一笔画成. 当自变量 x 在 x_0 取得改变量 Δx，相应地函数值取得改变量 Δy，$\Delta y = f(x_0 + \Delta x) - f(x_0)$. 当 Δx 很微小时，Δy 也很微小，特别当 $\Delta x \to 0$ 时，也有 $\Delta y \to 0$.

在点 x_0 处，曲线 $y = \varphi(x)$ 是不连续的，反映在图形上是函数图形不能够一笔画成. 当自变量 x 在 x_0 取得改变量 Δx，相应地函数值取得改变量 Δy，$\Delta y = \varphi(x_0 + \Delta x) - \varphi(x_0)$. 当 $\Delta x \to 0$ 时，显然的 Δy 不趋近于 0.

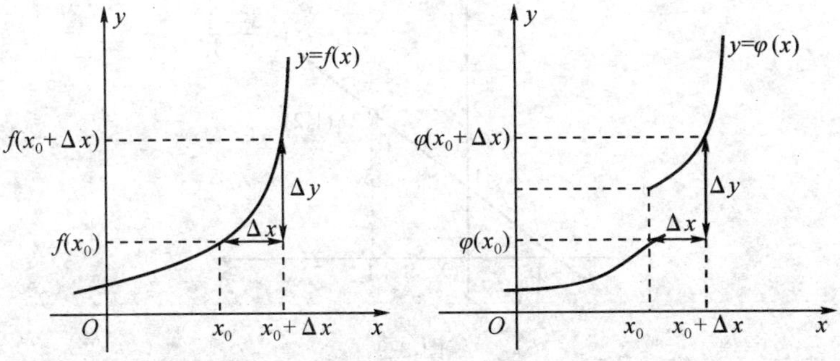

图 2-8

下面给出函数在一点连续的定义：

定义 2.6　设函数 $y=f(x)$ 在点 x_0 的某个邻域中(包括点 x_0)有定义，如果当自变量的改变量 $\Delta x=x-x_0$ 趋近于零时，相应的函数改变量也趋近于零，即

$$\lim_{\Delta x\to 0}\Delta y=\lim_{\Delta x\to 0}[f(x_0+\Delta x)-f(x_0)]=0$$

则称函数 $y=f(x)$ 在点 x_0 连续，称 x_0 为函数的连续点.

若记 $x=x_0+\Delta x$，则 $\Delta x=x-x_0$，相应地函数的改变量为 $\Delta y=f(x)-f(x_0)$，$\Delta x\to 0$，即 $x\to x_0$；$\Delta y\to 0$，即 $f(x)\to f(x_0)$. 于是，函数 $y=f(x)$ 在点 x_0 连续的定义又可记作

$$\lim_{x\to x_0}f(x)=f(x_0)$$

由上式，函数 $f(x)$ 在点 x_0 连续须同时满足下述三个条件：

(1) 在点 x_0 及其某个邻域内有定义；

(2) 极限 $\lim\limits_{x\to x_0}f(x)$ 存在；

(3) 极限 $\lim\limits_{x\to x_0}f(x)$ 的值等于该点的函数值 $f(x_0)$，即 $\lim\limits_{x\to x_0}f(x)=f(x_0)$.

如果 $f(x)$ 在点 x_0 不连续，则称 $f(x)$ 在 x_0 间断，x_0 称为 $f(x)$ 的一个间断点.

例 1　设 $f(x)=\dfrac{x^2-1}{x-1}$，讨论函数 $f(x)$ 在 $x=1$ 是否连续.

解　如图 2-9. 因为函数 $f(x)$ 在 $x=1$ 没有定义，所以 $f(x)$ 在 $x=1$ 不连续，即 $x=1$ 是 $f(x)$ 的一个间断点.

例 2　设函数 $f(x)=\begin{cases}x-1, & x<0\\ 0, & x=0\\ x+1, & x>0\end{cases}$，试讨论在 $x=0$ 是否连续.

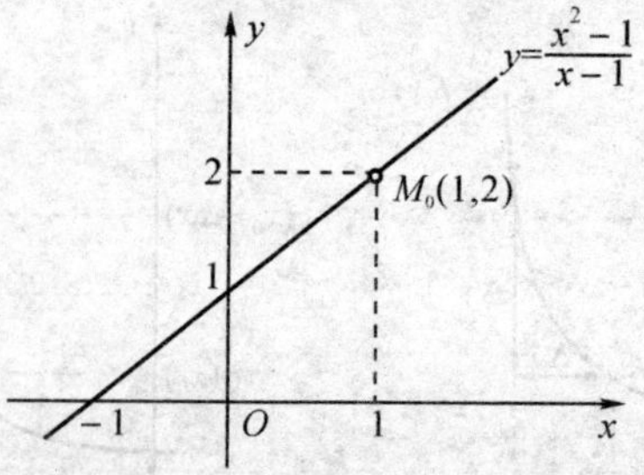

图 2-9

解 如图 2-10(1) 函数 $f(x)$ 在 $x=0$ 有定义，$f(0)=0$；

(2) $\lim\limits_{x\to 0^-} f(x)=\lim\limits_{x\to 0^-}(x-1)=-1$，$\lim\limits_{x\to 0^+}(x+1)=1$，由极限存在的充分必要条件知，极限 $\lim\limits_{x\to 0} f(x)$ 不存在.

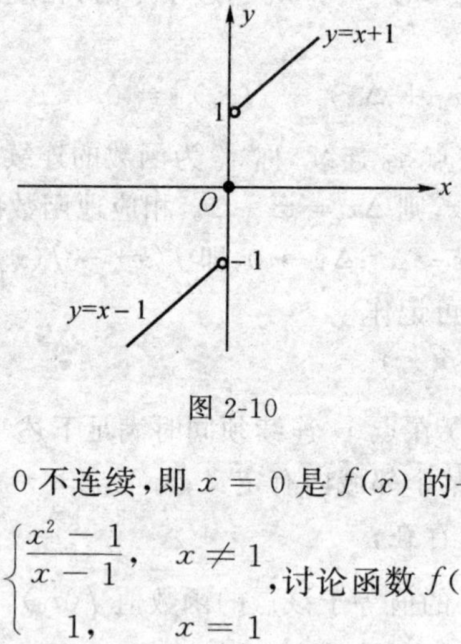

图 2-10

所以 $f(x)$ 在 $x=0$ 不连续，即 $x=0$ 是 $f(x)$ 的一个间断点.

例 3 设 $f(x)=\begin{cases}\dfrac{x^2-1}{x-1}, & x\neq 1\\ 1, & x=1\end{cases}$，讨论函数 $f(x)$ 在 $x=1$ 是否连续.

解 如图 2-11

(1) 函数 $f(x)$ 在 $x=1$ 有定义，$f(1)=1$

(2) $\lim\limits_{x\to 1} f(x)=\lim\limits_{x\to 1}\dfrac{x^2-1}{x-1}=\lim\limits_{x\to 1}(x+1)=2$

(3) $\lim\limits_{x\to 1} f(x)\neq f(1)$

所以 $f(x)$ 在 $x=1$ 不连续，即 $x=1$ 是 $f(x)$ 的一个间断点.

由函数 $f(x)$ 在点 x_0 左极限与右极限的定义，立即得到函数 $f(x)$ 在点 x_0 左连续与右连续的定义.

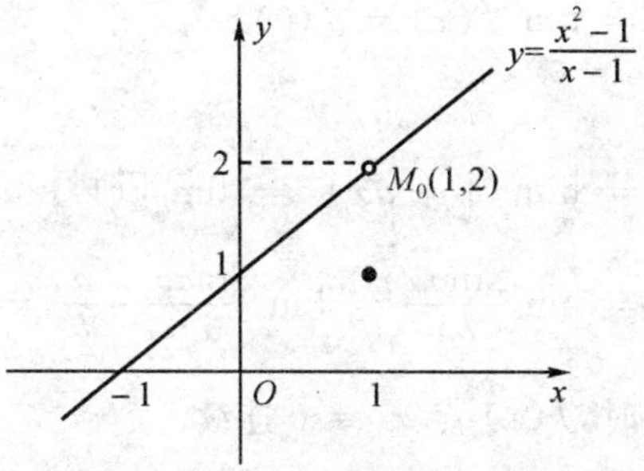

图 2-11

定义 2.7　若 $\lim\limits_{x\to x_0^-} f(x)=f(x_0)$，则称函数 $f(x)$ 点 x_0 左连续；若 $\lim\limits_{x\to x_0^+} f(x)=f(x_0)$，则称函数 $f(x)$ 点 x_0 右连续.

由此可知，函数 $f(x)$ 在点 x_0 连续的充分必要条件是：函数 $f(x)$ 在点 x_0 既左连续又右连续，即

$$\lim_{x\to x_0} f(x)=f(x_0)\Leftrightarrow \lim_{x\to x_0^+} f(x)=f(x_0)=\lim_{x\to x_0^-} f(x)$$

例 4　讨论函数 $f(x)=\begin{cases}\dfrac{\sin 2x}{x}, & x<0\\ 2, & x=0\\ e^x+1 & x>0\end{cases}$，在点 $x_0=0$ 处的连续性.

解　因为

(1) $f(0)=2$

(2) $\lim\limits_{x\to 0^-} f(x)=\lim\limits_{x\to 0^-}\dfrac{\sin 2x}{x}=2$，　$\lim\limits_{x\to 0^+} f(x)=\lim\limits_{x\to 0^+}(e^x+1)=2$，

即

$$\lim_{x\to 0} f(x)=2$$

(3) $\lim\limits_{x\to 0} f(x)=f(0)$

所以 $f(x)$ 在 $x_0=0$ 处连续.

例 5　设有函数 $f(x)=\begin{cases}(1+ax)^{\frac{1}{x}}, & x>0\\ e, & x=0\\ \dfrac{\sin ax}{bx}, & x<0\end{cases}$，$(a\neq 0,b\neq 0)$，问 a 和 b 各取何值时，$f(x)$ 在点 $x_0=0$ 连续？

解　要使 $f(x)$ 在 $x_0=0$ 处连续，则

$$\lim_{x\to 0^-} f(x) = \lim_{x\to 0^+} f(x) = f(0)$$

因为 $f(0) = \mathrm{e}$

$$\lim_{x\to 0^+} f(x) = \lim_{x\to 0^+} (1+ax)^{\frac{1}{x}} = \lim_{x\to 0^+} \left[(1+ax)^{\frac{1}{ax}}\right]^a = \mathrm{e}^a$$

$$\lim_{x\to 0^-} f(x) = \lim_{x\to 0^-} \frac{\sin ax}{bx} = \lim_{x\to 0^-} \frac{\sin ax}{ax}\cdot\frac{a}{b} = \frac{a}{b}$$

所以当 $\mathrm{e}^a = \frac{a}{b} = \mathrm{e}$ 时，$f(x)$ 点 $x_0 = 0$ 连续.

故当 $a = 1,\ b = \frac{1}{\mathrm{e}} = \mathrm{e}^{-1}$ 时，$f(x)$ 在点 $x_0 = 0$ 连续.

例 6 设 $f(x) = \begin{cases} x\sin\frac{1}{x}, & x > 0 \\ a + x^2, & x \leqslant 0 \end{cases}$，$a$ 为何值时，$f(x)$ 在 $(-\infty, +\infty)$ 内连续.

解 显然 $f(x)$ 在 $(-\infty, 0)$，$(0, +\infty)$ 内连续. 又

$$f(0) = a$$

$$\lim_{x\to 0^-} f(x) = \lim_{x\to 0^-} x\sin\frac{1}{x} = 0, \quad \lim_{x\to 0^+} f(x) = \lim_{x\to 0^+} (a + x^2) = a$$

要 $f(x)$ 在 $x_0 = 0$ 处连续，即 $\lim\limits_{x\to 0^-} f(x) = \lim\limits_{x\to 0^+} f(x) = f(0)$，故 $a = 0$ 时 $f(x)$ 在 $x_0 = 0$ 处连续，从而在 $(-\infty, +\infty)$ 内连续.

2.4.2 函数在区间上连续的概念

函数在一点连续的定义很自然地可以拓展到一个区间上，便得到函数在区间上连续的概念.

定义 2.8 若函数 $f(x)$ 在开区间 (a,b) 内每一点都连续，则称 $f(x)$ 在开区间 (a,b) 内连续；若 $f(x)$ 在 $[a,b]$ 上有定义，在 (a,b) 内连续，在右端点 b 左连续，在左端点 a 右连续，则称 $f(x)$ 在闭区间 $[a,b]$ 上连续.

2.4.3 初等函数的连续性

定理 2.3 若函数 $f(x)$ 和 $g(x)$ 在点 x_0 连续，则这两个函数的和（或差）$f(x) \pm g(x)$，乘积 $f(x)\cdot g(x)$，商 $\frac{f(x)}{g(x)}$ $(g(x_0) \neq 0)$ 在点 x_0 也连续.

定理 2.4 （复合函数的连续性）设函数 $u = \varphi(x)$ 在点 x_0 连续，且 $\varphi(x_0) = u_0$；又函数 $y = f(u)$ 在点 u_0 连续，则复合函数 $f[\varphi(x)]$ 在点 x_0 连续，即

$$\lim_{x\to x_0} f[\varphi(x)] = f[\varphi(x_0)]$$

可以证明基本初等函数在其定义域内都是连续的. 由初等函数的定义，基本初等函数的连续性和定理 2.3 及定理 2.4 可得到一个重要结论：

初等函数在其定义域内都是连续的.

根据这一结论，求初等函数在某点 x_0 的极限时，如果函数在该点有定义，只要求出该点的函数值即可. 这就是：如果 $f(x)$ 是初等函数，且 $f(x)$ 在 x_0 有定义，则

$$\lim_{x\to x_0} f(x) = f(x_0)$$

例 7　求 $\lim\limits_{x\to 1}(x^2 - x + 3)$

解　因为 $f(x) = x^2 - x + 3$ 在 $x = 1$ 有定义，所以

$$\lim_{x\to 1}(x^2 - x + 3) = f(1) = 1^2 - 1 + 3 = 3$$

常见错误：

1. 在判断函数 $f(x)$ 在点 x_0 连续、极限 $\lim\limits_{x\to x_0} f(x)$ 存在、函数 $f(x)$ 在 x_0 点有定义三者之间充分必要条件时，有些同学以举例的形式来证明条件的充分性或必要性. 而正确的解题思路是：要证明条件的充分性或必要性，必须从定义、定理或性质入手加以证明或推导，不能以举例的形式证明；要推翻条件的充分性或必要性，则只需举一个反例即可.

三者之间正确的关系是：

(1) 函数 $f(x)$ 在点 x_0 连续是极限 $\lim\limits_{x\to x_0} f(x)$ 存在的充分非必要条件；

(2) 函数 $f(x)$ 在点 x_0 连续是函数 $f(x)$ 在点 x_0 有定义的充分非必要条件；

(3) 极限 $\lim\limits_{x\to x_0} f(x)$ 存在与函数 $f(x)$ 在点 x_0 有定义之间无必然联系.

对于(1)(2) 充分性的证明，必须从函数 $f(x)$ 在点 x_0 连续的定义入手. 函数 $f(x)$ 在点 x_0 连续，则 $\lim\limits_{x\to x_0} f(x) = f(x_0)$. 此表达式说明，若函数 $f(x)$ 在点 x_0 连续，则极限 $\lim\limits_{x\to x_0} f(x)$ 一定存在、函数 $f(x)$ 在点 x_0 有定义. 推翻必要性，只需举反例即可. 如例 3，函数 $f(x)$ 在点 $x = 1$ 有定义且极限存在，但 $\lim\limits_{x\to 1} f(x) \neq f(1)$，故函数 $f(x)$ 在点 $x = 1$ 不连续.

极限 $\lim\limits_{x\to x_0} f(x)$ 存在与函数 $f(x)$ 在点 x_0 有定义之间无必然联系，推翻充分性和必要性，分别找反例即可. 如例 1 中，函数 $f(x)$ 在点 $x = 1$ 没有定义但是极限存在；例 2 中，函数 $f(x)$ 在点 $x = 0$ 有定义但是极限不存在.

2. 函数 $f(x)$ 在点 x_0 的函数值用 $f(x_0)$ 表示，而不是用 $\lim\limits_{x\to x_0} f(x)$ 表示，$\lim\limits_{x\to x_0} f(x)$ 表示的是极限值.

习题 2.4

1. 求下列函数的连续区间，并求极限.

(1) $f(x)=\lg(2-x)$，求 $\lim\limits_{x\to -8}f(x)$

(2) $f(x)=\sqrt{x-4}+\sqrt{6-x}$，求 $\lim\limits_{x\to 5}f(x)$

(3) $f(x)=\ln\arcsin x$，求 $\lim\limits_{x\to \frac{1}{2}}f(x)$

(4) $f(x)=\dfrac{1}{\ln(x-1)}$，求 $\lim\limits_{x\to e+1}f(x)$

(5) $f(x)=\sqrt{\cos x}+\sqrt{4-x^2}$，求 $\lim\limits_{x\to 0}f(x)$

2. 求下列函数的不连续点.

(1) $y=\dfrac{x}{(1+x)^2}$　　(2) $y=\dfrac{x+1}{1+x^3}$

(3) $y=\dfrac{x}{\sin x}$　　(4) $y=\dfrac{\sin x}{x^2-1}$

3. 画出函数 $f(x)=\begin{cases} x+1, & x<0 \\ x, & 0\leqslant x\leqslant 1, \\ 1, & 1<x \end{cases}$ 的图形，并借助函数图形考察函数在点 $x=0$ 和 $x=1$ 的连续性.

4. 讨论函数 $f(x)$ 在 $x=0$ 处的是否连续：

$$f(x)=\begin{cases} \dfrac{\ln(1+x)}{x}, & x>0 \\ 0, & x=0 \\ \dfrac{\sqrt{1+x}-\sqrt{1-x}}{x}, & x<0 \end{cases}$$

5. 定义 $f(0)$ 的值，使 $f(x)=\dfrac{\sqrt{1+x}-1}{\sqrt[3]{1+x}-1}$ 在 0 处连续.

6. 在下列函数中，a 取什么值时，函数 $f(x)$ 在 $(-\infty,+\infty)$ 内连续？

(1) $f(x)=\begin{cases} \dfrac{x^2-16}{x-4}, & x\neq 4 \\ a, & x=4 \end{cases}$　　(2) $f(x)=\begin{cases} e^x, & x<0 \\ a+x, & x\geqslant 0 \end{cases}$

本章复习题

一、选择题

1. 下列命题正确的是　(　　)

A. 无穷小的倒数为无穷大　B. 无穷大的倒数为无穷小

C. 无限变小的变量是无穷小量　D. 越来越小的变量是无穷小量

2. 设 $f(x)=\dfrac{-x}{|x|}$，则 $\lim\limits_{x\to 0}f(x)$ 等于　(　　)

A. 0　B. 1　C. -1　D. 不存在

3. 当 $x\to 0$ 时，下列函数为无穷小量的是　(　　)

A. $\dfrac{x+\cos x}{x}$　B. $\dfrac{\sin x}{x}$　C. $\dfrac{2\sin x}{\sqrt{x}}$　D. $\dfrac{1}{2^x-1}$

4. 下列等式中成立的是　(　　)

A. $\lim\limits_{x\to\infty}(1+\dfrac{1}{x})^{2x}=e$　B. $\lim\limits_{x\to\infty}(1+\dfrac{2}{x})^{x}=e$

C. $\lim\limits_{x\to 0}(1+\dfrac{1}{x})^{x}=e$　D. $\lim\limits_{x\to\infty}(1+\dfrac{1}{x})^{x+1}=e$

5. $\lim\limits_{x\to\infty}\left(x\sin\dfrac{1}{x}+\dfrac{1}{x}\sin x\right)$ 等于　(　　)

A. 0　B. 1　C. 2　D. 不存在

6. $\lim\limits_{n\to\infty}\dfrac{2^n-7^n}{2^n+7^n-1}$ 等于　(　　)

A. 1　B. -1　C. 7　D. ∞

7. $\lim\limits_{x\to x_0^-}f(x)=A$，$\lim\limits_{x\to x_0^+}f(x)=A$，则在点处　(　　)

A. 一定有定义　B. 一定有 $f(x_0)=A$

C. 一定有极限　D. 一定连续

8. 当 $x\to 0$ 时，$f(x)=\sin\dfrac{\pi}{x}$ 是　(　　)

A. 无穷小量　B. 无穷大量　C. 无界变量　D. 有界变量

9. 下列各式中正确的是　(　　)

A. $\lim\limits_{x\to+\infty}\dfrac{x}{\sin x}=0$　B. $\lim\limits_{x\to 0}\dfrac{x}{\sin x}=1$

C. $\lim\limits_{x\to\infty}\dfrac{x}{\sin x}=1$　D. $\lim\limits_{x\to\infty}\dfrac{\sin x}{x}=1$

10. 下列极限存在的是　(　　)

A. $\lim\limits_{x\to\infty}\dfrac{x(x^2-1)}{x}$　　　　B. $\lim\limits_{x\to 0}\dfrac{1}{2^x-1}$

C. $\lim\limits_{x\to\infty}\dfrac{x^2-1}{x^2+1}$　　　　D. $\lim\limits_{x\to 0}e^{\frac{1}{x}}$

二、计算题

1. $\lim\limits_{x\to 0}\left(\dfrac{\sqrt{1+x}-\sqrt{1-x}}{x}\right)$　　　　2. $\lim\limits_{x\to 4}\dfrac{x^2-6x+8}{x^2-5x+4}$

3. $\lim\limits_{x\to\infty}\dfrac{(x+1)^3-(x-1)^3}{x^2+2x-3}$　　　　4. $\lim\limits_{x\to\infty}\left(\dfrac{2x+3}{2x+1}\right)^{x-2}$

5. $\lim\limits_{x\to\pi}\dfrac{x-\pi}{\sin(\pi-x)}$　　　　6. $\lim\limits_{x\to\infty}\left(\dfrac{x}{x+1}\right)^{x}$

7. $\lim\limits_{x>0}\left(\dfrac{2-x}{2}\right)^{\frac{2}{x}-1}$　　　　8. $\lim\limits_{x>4}\dfrac{2-\sqrt{x}}{3-\sqrt{2x+1}}$

9. $\lim\limits_{x\to 0}\dfrac{\sqrt{x+4}-2}{\sin 5x}$　　　　10. $\lim\limits_{x\to 1}\left(\dfrac{1}{x-1}-\dfrac{2}{x^2-1}\right)$

三、应用题

设 $f(x)=\begin{cases}\dfrac{\sin mx}{2x}, & x<0\\ n, & x=0\\ 2x+3, & x>0\end{cases}$ 在 $x=0$ 处连续，求 m,n.

第 3 章　一元函数微分学

在第 1 章，我们初步地介绍了函数，了解了因变量对自变量的各种依赖关系. 但是，对于一个变化过程来说仅仅知道因变量随自变量的变化规律是不够的，还需要进一步研究因变量的变化快慢以及其他的变化性态，导数和微分就是研究函数的变化快慢及其他的变化性态的有力工具. 导数和微分这两个数学概念在自然科学、工程技术与社会科学中有着广泛的应用，例如运动物体的速度、物质分布的密度、化学反应的速度、生物繁殖速度、电流强度以及放射性物质的衰变速度等都可以用导数来描述.

这一章的主要内容包括导数与微分的概念和运算法则及应用. 结合各种实际背景理解导数与微分的概念，熟练地掌握导数与微分的各种运算法则，自觉地运用导数与微分的知识来解决日常生活、科学实践等各领域的实际问题，对于今后的学习和工作有着重要的意义.

3.1　导数和微分的概念

3.1.1　两个引例

几何学中的切线问题和力学中的速度问题促成了导数概念的产生.

3.1.1.1　切线问题

首先我们回顾一下圆的切线定义：与某圆有且只有一个交点的直线称为该圆的切线. 但“与曲线有且只有一个交点”并非曲线切线的本质特征，比如平行于抛物线对称轴的直线与抛物线有且只有一个交点，但它们并非抛物线的切线. 我们有必要严格定义切线的概念，它必须借助极限这一工具.

如图 3-1，设 M_0 是曲线 L 上的任一点，M 是曲线上与点 M_0 邻近的一点，作割线 M_0M. 点 M 沿着曲线 L 无限趋近于点 M_0 时的极限位置 M_0T 称为过点 M_0 处的切线.

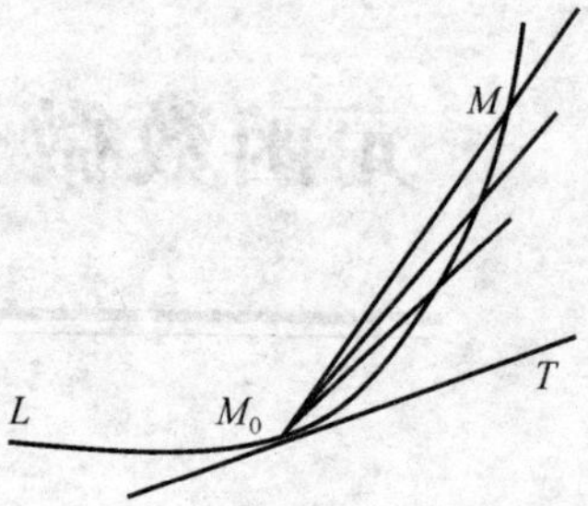

图 3-1

同学们可以回忆用代数的方法求二次曲线的切线方程的方法，它对我们理解切线的概念有很大帮助.

现在的问题是：已知曲线方程 $y=f(x)$，要确定过曲线上点 $M_0(x_0, f(x_0))$ 处的切线斜率.

如图 3-2，点 $M_0(x_0, f(x_0))$ 是曲线 $y=f(x)$ 上的定点，取与点 M_0 相近的动点 $M(x_0+\Delta x, f(x_0+\Delta x))$. 割线 M_0M 的倾角为 φ，切线 M_0T 的倾角为 α.

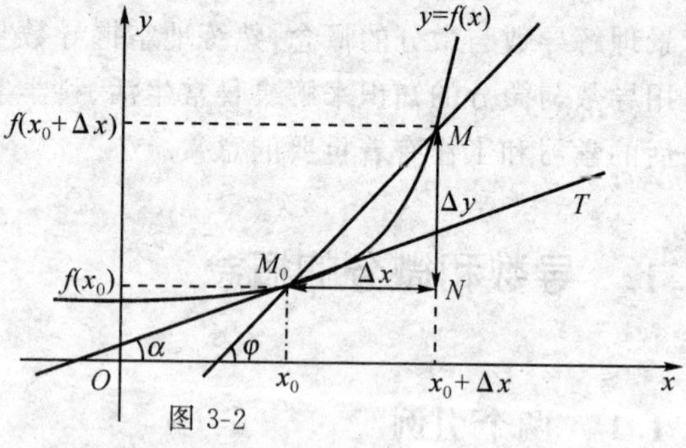

图 3-2

在 $RT\Delta M_0MN$ 中，

$$\angle MM_0N=\varphi,\ M_0N=\Delta x,$$

$$MN=f(x_0+\Delta x)-f(x_0)=\Delta y$$

$$\tan\varphi=\frac{MN}{M_0N}=\frac{\Delta y}{\Delta x}=\frac{f(x_0+\Delta x)-f(x_0)}{\Delta x}$$

我们让点 $M(x_0+\Delta x, f(x_0+\Delta x))$ 沿着曲线移动并无限趋于点 $M_0(x_0,$

$f(x_0)$)，即当 $\Delta x \to 0$ 时，割线 M_0M 将绕着点 M_0 顺时针转动而达到极限位置成为切线 M_0T，此时 $\varphi \to \alpha$，$\tan\varphi \to \tan\alpha$. 所以割线 M_0M 的斜率的极限就是曲线 $y = f(x)$ 在点 $M_0(x_0, f(x_0))$ 处切线 M_0T 的斜率，即

$$\tan\alpha = \lim_{\Delta x \to 0}\tan\varphi = \lim_{\Delta x \to 0}\frac{f(x_0 + \Delta x) - f(x_0)}{\Delta x}$$

由上述推导过程可知，曲线 $y = f(x)$ 在点 M_0 与点 M 的割线斜率 $\frac{\Delta y}{\Delta x}$ 是曲线上的点的纵坐标 y 对横坐标 x 在区间 $[x_0, x_0 + \Delta x]$ 上的平均变化率；而在点 M_0 处的切线斜率是曲线上的点的纵坐标 y 对横坐标 x 在 x_0 处的变化率. 显然，后者反映了曲线的纵坐标 y 随横坐标 x 的变化而变化，且在横坐标为 x_0 处变化的快慢程度.

3.1.1.2　瞬时速度

通常人们所说的物体运动速度是指物体在一段时间内运动的平均速度. 例如，一辆汽车从甲地出发到达乙地，全程 120 千米，行驶了 4 小时，汽车行驶的速度 $\frac{120}{4} = 30$ 千米 / 小时，这仅是回答了汽车从甲地到乙地运行的平均速度. 事实上，汽车并不是每时每刻都是以 30 千米 / 小时的速度行驶. 这是因为，下坡时跑的快些，上坡时跑得慢些，也可能中途停车等，即汽车每时每刻的速度是变化的. 一般来说，平均速度并不能反映汽车在某一时刻的瞬时速度. 随着科学技术的发展，仅仅知道物体运动的平均速度就不够用了，还要知道物体在某一时刻的速度，即瞬时速度. 例如，研究子弹的穿透能力，必须知道弹头接触目标时的瞬时速度.

现在的问题是：已知物体的运动规律，怎样计算物体运动的瞬时速度呢？要解决这个问题，一方面要回答何谓瞬时速度？另一方面要给出计算瞬时速度的方法.

如果物体作非匀速直线运动，其运动规律（函数）是

$$S = S(t)$$

其中 t 是时间，S 是距离. 讨论它在时刻 t_0 的瞬时速度.

未知的瞬时速度并不是一个孤立的概念，它必然与某些已知的概念联系着. 那么未知的瞬时速度概念与哪些已知的概念联系着呢？那就是已知的物体运动的平均速度. 在时刻 t_0 附近取一个时刻 $t_0 + \Delta t$，Δt 是时间的改变量，可以取正负值.

当 $t = t_0$ 时，设 $S_0 = S(t_0)$；当 $t = t_0 + \Delta t$ 时，设物体运动的距离是 $S(t_0 + \Delta t)$，令 $\Delta S = S(t_0 + \Delta t) - S(t_0)$.

ΔS 是物体在 Δt 时间内运动的距离. 故物体在 Δt 时间的平均速度(亦称距离对时间的平均变化率)是

$$\bar{v}=\frac{\Delta S}{\Delta t}=\frac{S(t_0+\Delta t)-S(t_0)}{\Delta t}$$

当 Δt 变化时,平均速度 $\bar{v}$ 也随之变化. 当 $|\Delta t|$ 越小,它与物体在时刻 t_0 的瞬时速度的近似程度也越好. 于是,物体在时刻 t_0 的瞬时速度 $V(t_0)$(亦称距离对时间在 t_0 的变化率) 就是当 Δt 无限趋近于 $0(\Delta t\neq 0)$ 时,平均速度 $\bar{v}$ 的极限,即

$$V(t_0)=\lim_{\Delta t\to 0}\bar{v}=\lim_{\Delta t\to 0}\frac{\Delta S}{\Delta t}=\lim_{\Delta t\to 0}\frac{S(t_0+\Delta t)-S(t_0)}{\Delta t}$$

以上计算过程:先在局部范围内求出平均速度;然后通过取极限,由平均速度过渡到瞬时速度.

以上两个实际问题,其一是曲线的切线斜率,其二是物体运动的瞬时速度. 这两个问题一个是几何问题,一个是物理问题,实际意义虽然不同,但从数学上看,解决它们的方法却是完全一样,都是计算同一类型的极限:函数的改变量与自变量的改变量之比,当自变量的改变量趋于零时的极限,即计算极限

$$\lim_{\Delta x\to 0}\frac{\Delta y}{\Delta x}=\lim_{\Delta x\to 0}\frac{f(x_0+\Delta x)-f(x_0)}{\Delta x}$$

上式中,分母 Δx 是自变量 x 在点 x_0 取得的改变量,要求 $\Delta x\neq 0$;分子 $\Delta y=f(x_0+\Delta x)-f(x_0)$ 是与 Δx 相对应的函数 $f(x)$ 的改变量. 因此,若上述极限存在,这个极限是函数在点 x_0 处的变化率,它描述了函数 $f(x)$ 在点 x_0 变化的快慢程度.

在实际中,凡是考察一个变量随着另一个变量变化的变化率问题,都归结为计算上述类型的极限. 正因为如此,上述极限表述了自然科学、工程技术和经济科学中很多不同质的现象在量方面的共性. 正是这种共性的抽象而引出函数的导数概念.

3.1.2 导数概念

3.1.2.1 导数定义

定义 3.1 设函数 $y=f(x)$ 在点 x_0 的某个邻域内(含 x_0)有定义,自变量 x 在点 x_0 的改变量是 $\Delta x\neq 0$,相应函数的改变量是 $\Delta y=f(x_0+\Delta x)-f(x_0)$. 若极限

$$\lim_{\Delta x\to 0}\frac{\Delta y}{\Delta x}=\lim_{\Delta x\to 0}\frac{f(x_0+\Delta x)-f(x_0)}{\Delta x}\tag{3-1}$$

存在，称函数 $y=f(x)$ 在点 x_0 可导（或存在导数），此极限值称为函数 $y=f(x)$ 在点 x_0 的导数，记作 $f'(x_0)$，$y'|_{x=x_0}$.

由上述可知，$f'(x_0)$ 就是函数 $y=f(x)$ 在点 x_0 的变化率，它反映了函数 $y=f(x)$ 在点 x_0 处随自变量 x 变化的快慢.

按定义 3.1 所述，上述记号都表示函数 $y=f(x)$ 在点 x_0 的导数，它表示一个数值，并有

$$f'(x_0)=\lim_{\Delta x\to 0}\frac{f(x_0+\Delta x)-f(x_0)}{\Delta x} \tag{3-2}$$

若记 $x=x_0+\Delta x$，当 $\Delta x\to 0$ 时，$x\to x_0$，则上式又可写作

$$f'(x_0)=\lim_{x\to x_0}\frac{f(x)-f(x_0)}{x-x_0} \tag{3-3}$$

若极限(3-1)式不存在，则称函数 $y=f(x)$ 在点 x_0 不可导. 在极限不存在且趋于 ∞ 的情况下，即

$$\lim_{\Delta x\to 0}\frac{f(x_0+\Delta x)-f(x_0)}{\Delta x}=\infty$$

也称函数 $y=f(x)$ 在点 x_0 的导数为无穷大.

由导数定义可知前面两例中，斜率 $\tan\varphi=f'(x_0)$，速度 $v(t_0)=S'(t_0)$.

例 1　设 $f'(x_0)=1$，求下列各式的极限.

(1) $\displaystyle\lim_{\Delta x\to 0}\frac{f(x_0+4\Delta x)-f(x_0)}{\Delta x}$　　(2) $\displaystyle\lim_{h\to 0}\frac{f(x_0-\frac{1}{2}h)-f(x_0)}{h}$

(3) $\displaystyle\lim_{\Delta x\to 0}\frac{f(x_0+2\Delta x)-f(x_0-\Delta x)}{\Delta x}$

解　(1) $$\lim_{\Delta x\to 0}\frac{f(x_0+4\Delta x)-f(x_0)}{\Delta x}=4\lim_{\Delta x\to 0}\frac{f(x_0+4\Delta x)-f(x_0)}{4\Delta x}=4f'(x_0)=4\times 1=4$$

(2) $$\lim_{h\to 0}\frac{f(x_0-\frac{1}{2}h)-f(x_0)}{h}=-\frac{1}{2}\lim_{h\to 0}\frac{f[x_0+(-\frac{1}{2}h)]-f(x_0)}{-\frac{1}{2}h}=-\frac{1}{2}f'(x_0)=-\frac{1}{2}$$

(3) $$\lim_{\Delta x\to 0}\frac{f(x_0+2\Delta x)-f(x_0-\Delta x)}{\Delta x}$$
$$=\lim_{\Delta x\to 0}\frac{f(x_0+2\Delta x)-f(x_0-\Delta x)+f(x_0)-f(x_0)}{\Delta x}$$
$$=\lim_{\Delta x\to 0}\frac{f(x_0+2\Delta x)-f(x_0)-[f(x_0-\Delta x)-f(x_0)]}{\Delta x}$$

$$= 2\lim_{\Delta x\to 0}\frac{f(x_0+2\Delta x)-f(x_0)}{2\Delta x}-(-1)\lim_{\Delta x\to 0}\frac{f[x_0+(-\Delta x)]-f(x_0)}{-\Delta x}$$
$$= 2f'(x_0)+f'(x_0)=2\times 1+1=3$$

例 2 求函数 $y=f(x)=\frac{1}{x}$ 在点 $x_0=2$ 的导数.

解 在 $x_0=2$ 处，当自变量有改变量 Δx 时，函数相应的改变量

$$\Delta y=f(2+\Delta x)-f(2)=\frac{1}{2+\Delta x}-\frac{1}{2}=\frac{-\Delta x}{2(2+\Delta x)}$$

于是，在 $x_0=2$ 处 $f(x)=\frac{1}{x}$ 的导数为

$$f'(2)=\lim_{\Delta x\to 0}\frac{f(2+\Delta x)-f(2)}{\Delta x}=\lim_{\Delta x\to 0}\frac{-1}{4+2\Delta x}=-\frac{1}{4}$$

若用(3.3)式也可得到同样的结果，当自变量由 2 改变到 x 时，$\Delta x=x-2$，相应的函数的改变量

$$\Delta y=f(x)-f(2)=\frac{1}{x}-\frac{1}{2}=\frac{2-x}{2x}$$

于是 $$f'(2)=\lim_{x\to 2}\frac{f(x)-f(2)}{x-2}=\lim_{x\to 2}\frac{-1}{2x}=-\frac{1}{4}$$

3.1.2.2 导函数

若函数 $y=f(x)$ 在区间 I 内每一点都可导，就称函数 $y=f(x)$ 在区间 I 内可导. 这时，函数 $y=f(x)$ 对于 I 内的每一个确定的 x 值，都对应着一个确定的导数，这就构成了一个新的函数，这个函数叫做原来函数 $y=f(x)$ 的导函数，记为 $f'(x)$，y' 或 $\frac{\mathrm{d}y}{\mathrm{d}x}$，$\frac{\mathrm{d}f}{\mathrm{d}x}$，即

$$f'(x)=\lim_{\Delta x\to 0}\frac{\Delta y}{\Delta x}=\lim_{\Delta x\to 0}\frac{f(x+\Delta x)-f(x)}{\Delta x},\quad x\in I \tag{3-4}$$

求函数 $y=f(x)$ 的导数 $f'(x)$ 可以分为以下三个步骤：

(1) 计算函数的改变量 $\Delta y=f(x+\Delta x)-f(x)$

(2) 计算比值 $$\frac{\Delta y}{\Delta x}=\frac{f(x+\Delta x)-f(x)}{\Delta x}$$

(3) 计算极限 $$f'(x)=\lim_{\Delta x\to 0}\frac{\Delta y}{\Delta x}=\lim_{\Delta x\to 0}\frac{f(x+\Delta x)-f(x)}{\Delta x}$$

例 3 求函数 $f(x)=C$（C 是常数）的导数.

解 由于函数值 $f(x)$ 恒等于常数 C，当自变量在点 x 的改变量为 Δx（$\Delta x\neq 0$），有相应的函数的改变量

$$\Delta y=f(x+\Delta x)-f(x)=C-C=0$$

于是 $$\frac{\Delta y}{\Delta x}=\frac{f(x+\Delta x)-f(x)}{\Delta x}=\frac{0}{\Delta x}=0$$

则函数的导数 $f'(x)=\lim\limits_{\Delta x\to 0}\frac{\Delta y}{\Delta x}=0$，即常数函数的导数为 0.

例 4　求函数 $y=\sin x$ 的导数，以及该函数在 $x_1=0$ 和 $x_2=\frac{\pi}{2}$ 的导数值.

解　由导数的定义有

$$(\sin x)'=\lim_{\Delta x\to 0}\frac{\sin(x+\Delta x)-\sin x}{\Delta x}=\lim_{\Delta x\to 0}\frac{2\cos(x+\frac{\Delta x}{2})\sin\frac{\Delta x}{2}}{\Delta x}$$

$$=\lim_{\Delta x\to 0}2\cos(x+\frac{\Delta x}{2})\times\lim_{\Delta x\to 0}\frac{\sin\frac{\Delta x}{2}}{\Delta x}=2\cos x\times\frac{1}{2}=\cos x$$

将 $x_1=0$ 和 $x_2=\frac{\pi}{2}$ 分别代入 $(\sin x)'=\cos x$ 得到

$$y'|_{x=0}=\cos 0=1,\quad y'|_{x=\frac{\pi}{2}}=\cos\frac{\pi}{2}=0$$

3.2.1.3　微分的定义

如图 3-3 所示，M_0T 是过曲线 $y=f(x)$ 上点处的切线. 当曲线的横坐标由 x_0 改变到 $x_0+\Delta x$ 时，曲线相应的纵坐标的改变量

$$NM=f(x_0+\Delta x)-f(x_0)=\Delta y$$

而切线相应的纵坐标的改变量是 $NT=\tan\alpha\cdot\Delta x=f'(x_0)\cdot\Delta x$，称为函数 $y=f(x)$ 在点 x_0 的微分，记为 $dy|_{x=x_0}$，即

$$dy|_{x=x_0}=f'(x_0)\cdot\Delta x \tag{3-5}$$

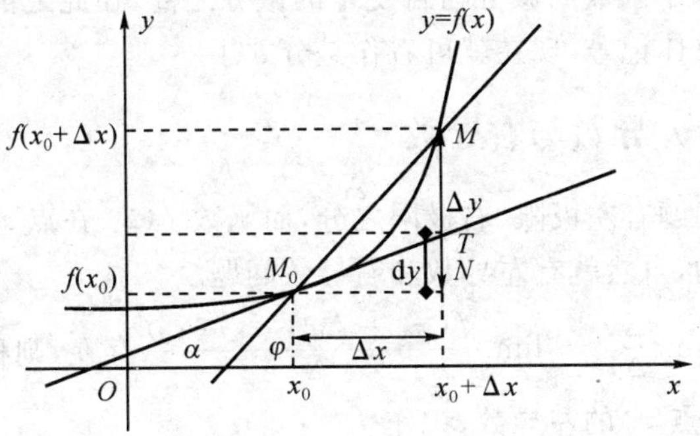

图 3-3

由此知，函数 $y=f(x)$ 在点 x_0 的微分 $dy|_{x=x_0}$ 的几何意义是：函数 $y=$

$f(x)$ 在点 x_0 的微分 $dy|_{x=x_0}$ 是曲线 $y=f(x)$ 在点 $M_0(x_0,f(x_0))$ 处的切线的纵坐标的改变量.

对于函数的微分这个概念,需注意以下几点:

(1) 微分 $dy|_{x=x_0}=f'(x_0)\cdot\Delta x$ 是自变量改变量 Δx 的函数,而不是 x_0 的函数.

(2) 微分 $dy|_{x=x_0}=f'(x_0)\cdot\Delta x$ 是自变量改变量 Δx 的线性函数.

由微分的定义可知,函数 $f(x)$ 在任一点 x 的微分为 $f'(x)\cdot\Delta x$. 记作

$$df(x)=f'(x)\cdot\Delta x$$

函数 $y=f(x)$ 在点 x 可导与可微有下述关系:函数 $y=f(x)$ 在点 x 可微的充分必要条件是函数 $f(x)$ 在该点可导,即一元函数 $f(x)$ 的可导性与可微性是等价的.

对于特殊的函数 $y=\varphi(x)=x$,由于 $y'=\varphi'(x)=1$,从而函数 $y=x$ 的微分为

$$dy=dx=1\cdot\Delta x=\Delta x$$

该等式表明:自变量的改变量 Δx 与其微分 dx 相等. 于是在教科书中一般将函数 $y=f(x)$ 的微分记作

$$dy=f'(x)dx \tag{3-6}$$

即函数的微分等于函数的导数与自变量微分的乘积.

上式中的 dx 和 dy 都有确定的意义:dx 是自变量 x 的微分,dy 是因变量 y 的微分. 这样,上式可改写成

$$f'(x)=\frac{dy}{dx}$$

即函数的导数等于函数的微分与自变量的微分之商. 在此之前,必须把 $f'(x)$ 看作是导数的整体记号,现在就可看作是分式了.

*3.1.3 左导数与右导数

既然极限问题有左极限、右极限之分,而函数 $f(x)$ 在点 x_0 的导数是用一个极限式定义的,自然就有左导数和右导数问题.

如果极限 $\lim\limits_{\Delta x\to 0^-}\dfrac{\Delta y}{\Delta x}=\lim\limits_{\Delta x\to 0^-}\dfrac{f(x_0+\Delta x)-f(x_0)}{\Delta x}$ 存在,则称该极限值为函数 $y=f(x)$ 在点 x_0 的左导数,记作 $f'_-(x_0)$.

如果极限 $\lim\limits_{\Delta x\to 0^+}\dfrac{\Delta y}{\Delta x}=\lim\limits_{\Delta x\to 0^+}\dfrac{f(x_0+\Delta x)-f(x_0)}{\Delta x}$ 存在,则称该极限值为函数 $y=f(x)$ 在点 x_0 的右导数,记作 $f'_+(x_0)$.

由上述定义即有　$f'_{-}(x_0) = \lim\limits_{\Delta x \to 0^-} \dfrac{f(x_0 + \Delta x) - f(x_0)}{\Delta x}$

$$f'_{+}(x_0) = \lim_{\Delta x \to 0^+} \frac{f(x_0 + \Delta x) - f(x_0)}{\Delta x}$$

由函数极限存在的充分必要条件可知，函数在点 x_0 的导数与在该点的左右导数的关系有如下结论：

函数 $y = f(x)$ 在点 x_0 可导且 $f'(x_0) = A$ 的充分必要条件是它在点 x_0 的左导数 $f'_{-}(x_0)$ 和右导数 $f'_{+}(x_0)$ 都存在且都等于 A，即

$$f'(x_0) = A \Leftrightarrow f'_{-}(x_0) = f'_{+}(x_0) = A$$

在一些问题中(特别是分段函数)，常常用这个结论去判定一个函数在某个点是否可导.

例 5　讨论函数 $f(x) = |x|$ 在点 $x = 0$ 处是否可导.

解　按绝对值定义，$|x| = \begin{cases} x, & x \geqslant 0 \\ -x, & x < 0 \end{cases}$，这是分段函数，$x = 0$ 是分段点. 如图 3-4.

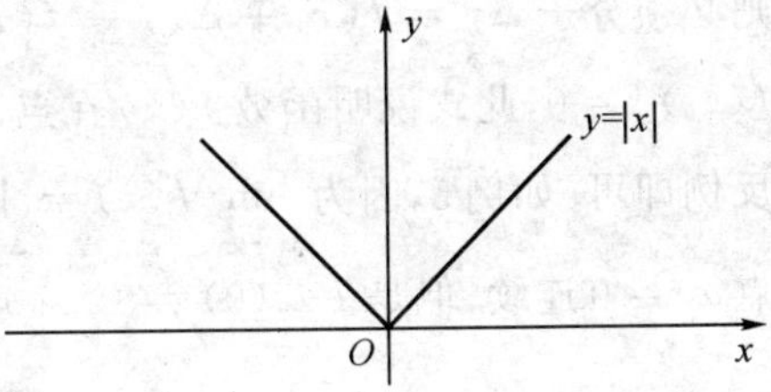

图 3-4

先考察函数在 $x = 0$ 的左导数和右导数.

由于 $f(0) = 0$，且

$$f'_{-}(0) = \lim_{\Delta x \to 0^-} \frac{f(x) - f(0)}{x - 0} = \lim_{\Delta x \to 0^-} \frac{-x - 0}{x} = -1$$

$$f'_{+}(0) = \lim_{\Delta x \to 0^+} \frac{f(x) - f(0)}{x - 0} = \lim_{\Delta x \to 0^+} \frac{x - 0}{x} = 1$$

虽然该函数在点 $x = 0$ 处的左导数和右导数都存在，但 $f'_{-}(0) \neq f'_{+}(0)$，所以函数 $f(x) = |x|$ 在点 $x = 0$ 处不可导.

例 6　讨论函数 $f(x) = \begin{cases} x, & x < 0 \\ \ln(1 + x), & x \geqslant 0 \end{cases}$ 在 $x = 0$ 处是否可导.

解　这是一个分段函数，$x = 0$ 是其分段点. 讨论函数在 $x = 0$ 的左导数与右导数.

因为 $f'_-(0)=\lim\limits_{\Delta x\to 0^-}\dfrac{f(x)-f(0)}{x-0}=\lim\limits_{\Delta x\to 0^-}\dfrac{x-0}{x}=1$

$$f'_+(0)=\lim_{\Delta x\to 0^+}\frac{f(x)-f(0)}{x-0}=\lim_{\Delta x\to 0^+}\frac{\ln(1+x)-0}{x}=1$$

即 $f'_-(0)=f'_+(0)$. 所以函数 $f(x)$ 在 $x=0$ 处可导，且 $f'(0)=1$

常见错误：

1. 在判断函数 $f(x)$ 在点 x_0 可导与函数 $f(x)$ 在点 x_0 连续之间充分必要条件时，有些同学以举例的形式来证明条件的充分性或必要性. 而正确的解题思路是：要证明条件的充分性或必要性，必须从定义、定理或性质入手加以证明或推导，不能以举例的形式证明；要推翻条件的充分性或必要性，则只需举一个反例即可.

两者之间正确的关系是：函数 $f(x)$ 在点 x_0 可导是函数 $f(x)$ 在点 x_0 连续的充分非必要条件. 充分性可以从定义入手进行证明. 函数 $f(x)$ 在点 x_0 可导，则极限 $\lim\limits_{\Delta x\to 0}\dfrac{\Delta y}{\Delta x}=\lim\limits_{\Delta x\to 0}\dfrac{f(x_0+\Delta x)-f(x_0)}{\Delta x}$ 一定存在，当 $\Delta x\to 0$ 时，要使整个分式极限存在，则必须分子 $\Delta y=f(x_0+\Delta x)-f(x_0)\to 0$，即 $\lim\limits_{\Delta x\to 0}\Delta y=\lim\limits_{\Delta x\to 0}[f(x_0+\Delta x)-f(x_0)]=0$，此式说明函数 $f(x)$ 在点 x_0 是连续的. 要推翻必要性，只需举一个反例即可. 如例 5，因为 $\lim\limits_{\Delta x\to 0^-}f(x)=\lim\limits_{\Delta x\to 0^+}f(x)=f(0)=0$，所以函数 $f(x)$ 在点 $x_0=0$ 连续；但是 $f'_-(0)\neq f'_+(0)$，所以函数 $f(x)$ 在点 $x_0=0$ 不可导.

2. 自变量的改变量与函数值的改变量不对应.

如：求 $\lim\limits_{\Delta x\to 0}\dfrac{f(x_0+4\Delta x)-f(x_0)}{\Delta x}$

错误解法：$\lim\limits_{\Delta x\to 0}\dfrac{f(x_0+4\Delta x)-f(x_0)}{\Delta x}=f'(x_0)$

正确解法：$\lim\limits_{\Delta x\to 0}\dfrac{f(x_0+4\Delta x)-f(x_0)}{\Delta x}=4\lim\limits_{\Delta x\to 0}\dfrac{f(x_0+4\Delta x)-f(x_0)}{4\Delta x}=4f'(x_0)$，理解成为自变量改变了 $4\Delta x$，而不是 Δx.

习题 3.1

1. 已知质点的直线运动规律方程为 $S=5t^2+6$.

(1) 求从 $t=2$ 到 $t=2+\Delta t$ 之间质点的平均速度，并求当 $\Delta t=1$，$\Delta t=0.1$ 与 $\Delta t=0.01$ 的平均速度.

(2) 求在 $t=2$ 秒这一时刻的瞬时速度.

2. 长 30 厘米的非均匀细轴的质量分布规律为 $m=3l^2+5l$(克).

其中,l 是从 A 算起的一段轴长,试求:

(1) 轴的平均线密度;

(2) 离 A 点 5 厘米处的轴的线密度;

(3) 轴的末端 B 点处的线密度;

3. 设函数 $f(x)$ 在点 x_0 处可导,求下列极限.

(1) $\lim\limits_{\Delta x\to 0}\dfrac{f(x_0)-f(x_0+\Delta x)}{\Delta x}$　(2) $\lim\limits_{\Delta x\to 0}\dfrac{f(x_0-\Delta x)-f(x_0)}{\Delta x}$

(3) $\lim\limits_{\Delta x\to 0}\dfrac{f(x_0+2\Delta x)-f(x_0)}{\Delta x}$　(4) $\lim\limits_{h\to 0}\dfrac{f(x_0+h)-f(x_0-h)}{h}$

4. 求下列函数在指定点的导数与微分.

(1)$y=x^2+1$,在 $x=4$　(2)$y=\sqrt{x}$,在 $x=1$

(3)$y=3x+1$,在 $x=0$　(4)$y=x^2-x$,在 $x=1$

*5. 讨论下列函数在点 $x=0$ 处的可导性.

(1)$f(x)=x|x|$　(2)$f(x)=\begin{cases}x^2\sin\dfrac{1}{x}, & x\neq 0\\ 0, & x=0\end{cases}$

*6. 设函数 $f(x)=\begin{cases}x^2, & x\leqslant 1\\ ax+b, & x>1\end{cases}$ 在 $x=1$ 处可导,试确定 a,b 的值.

*7. (1) 函数 $f(x)$ 在 $x=0$ 可导,且 $f(0)=0$,求 $\lim\limits_{x\to 0}\dfrac{f(x)}{x}$.

(2) 函数 $f(x)$ 在 $x=a$ 可导,求 $\lim\limits_{n\to\infty}n\left[f(a+\dfrac{1}{n})-f(a)\right]$.

3.2　导数的计算

在导数定义中,我们不仅阐述了导数概念的实质,也给出了根据导数定义求函数导数的方法.但是,如果对每一个函数都直接按定义去求它的导数,那将是极为复杂和困难的.因此,希望得到一些基本公式与运算法则,借助它们来求函数的导数.

3.2.1　基本求导公式与运算法则

3.2.1.1　基本初等函数的导数公式

前面我们已用导数定义求出了常数函数 $y=C$,正弦函数 $y=\sin x$ 的导数：

$$(C)' = 0 \quad (C \text{ 为常数}) \tag{3-7}$$

$$(\sin x)' = \cos x \tag{3-8}$$

直接用导数定义还可比较容易地求出下列基本初等函数的导数（略去详细的演算过程，同学们可以自己做些尝试）：

$$(\cos x)' = -\sin x \tag{3-9}$$

$$(x^a)' = ax^{a-1} \quad (a \text{ 为任意实数}) \tag{3-10}$$

$$(a^x)' = a^x \ln a (a > 0, a \neq 1) \tag{3-11}$$

$$(e^x)' = e^x \tag{3-12}$$

$$(\ln x)' = \frac{1}{x} \tag{3-13}$$

$$(\log_a x)' = \frac{1}{x \ln a} \quad (a > 0,\ a \neq 1) \tag{3-14}$$

$$(\tan x)' = \sec^2 x \tag{3-15}$$

$$(\cot x)' = -\csc^2 x \tag{3-16}$$

$$(\sec x)' = \sec x \tan x \tag{3-17}$$

$$(\csc x)' = -\csc x \cot x \tag{3-18}$$

$$(\arcsin x)' = \frac{1}{\sqrt{1 - x^2}} \tag{3-19}$$

$$(\arccos x)' = \frac{-1}{\sqrt{1 - x^2}} \tag{3-20}$$

$$(\arctan x)' = \frac{1}{1 + x^2} \tag{3-21}$$

$$(\text{arccot}\, x)' = \frac{-1}{1 + x^2} \tag{3-22}$$

今后我们把(3-7)—(3-22)式作为公式使用，而不必用定义去计算所有函数的导数.

例 1 已知 $f(x) = \ln x$，求 $f'(3)$ 及 $[f(3)]'$

解：因为 $f'(x) = \frac{1}{x}$，所以 $f'(3) = f'(x)|_{x=3} = \frac{1}{3}$.

而 $[f(3)]' = [\ln x|_{x=3}]' = [\ln 3]' = 0$.

3.2.1.2 导数的四则运算法则

定理 3.1 （四则运算法则）设函数 $y = u(x)$，$y = v(x)$ 都是可导函数，则

(1) 代数和$[u(x) \pm v(x)]$可导，且

$$[u(x) \pm v(x)]' = u'(x) \pm v'(x)$$

这个法则可以推广到有限多个函数的代数和，即

$$[u_1(x) \pm u_2(x) \pm \cdots \pm u_k(x)]' = u'_1(x) \pm u'_2(x) \pm \cdots \pm u'_k(x)$$

(2) 乘积 $u(x) \cdot v(x)$ 可导，且

$$[u(x) \cdot v(x)]' = u'(x) \cdot v(x) + u(x) \cdot v'(x)$$

特别地，C 是常数时

$$[Cv(x)]' = Cv'(x)$$

(3) 若 $v(x) \neq 0$，商$\dfrac{u(x)}{v(x)}$ 可导，且

$$\left[\frac{u(x)}{v(x)}\right]' = \frac{u'(x)v(x) - u(x)v'(x)}{[v(x)]^2}$$

特别的　$$\left[\frac{C}{v(x)}\right]' = -\frac{Cv'(x)}{[v(x)]^2}$$

例 2　设 $y = x^3 + 2\sin x + \sin\dfrac{\pi}{3}$，求导数 y'.

解　由代数和求导法则，可得

$$\begin{aligned} y' &= (x^3 + 2\sin x + \sin\frac{\pi}{3})' = (x^3)' + (2\sin x)' + (\sin\frac{\pi}{3})' \\ &= (x^3)' + 2(\sin x)' + (\sin\frac{\pi}{3})' = 3x^2 + 2\cos x + 0 \\ &= 3x^2 + 2\cos x \end{aligned}$$

这里要注意 $\sin\dfrac{\pi}{3}$ 为常数，所以$(\sin\dfrac{\pi}{3})' = 0$

例 3　求函数 $y = x^2\sin x$ 的导数.

解　由乘法求导法则有

$$y' = (x^2\sin x)' = (x^2)'\sin x + x^2(\sin x)' = 2x\sin x + x^2\cos x$$

例 4　设 $y = \sqrt{x}\log_3 x + 2^x\ln x$，求 y'.

解　由代数和和乘法法则有

$$\begin{aligned} y' &= (\sqrt{x}\log_3 x)' + (2^x\ln x)' \\ &= (\sqrt{x})'\log_3 x + \sqrt{x}(\log_3 x)' + (2^x)'\ln x + 2^x(\ln x)' \\ &= \frac{1}{2\sqrt{x}}\log_3 x + \sqrt{x}\,\frac{1}{x\ln 3} + 2^x\ln 2\ln x + 2^x\frac{1}{x} \\ &= \frac{1}{2\sqrt{x}}(\log_3 x + \frac{2}{\ln 3}) + 2^x(\ln 2\ln x + \frac{1}{x}) \end{aligned}$$

例 5 设 $y=\dfrac{x^2-1}{x^2+1}$,求 y'.

解 由商的求导法则有

$$y'=\left(\frac{x^2-1}{x^2+1}\right)'=\frac{(x^2-1)'(x^2+1)-(x^2-1)(x^2+1)'}{(x^2+1)^2}$$

$$=\frac{2x(x^2+1)-2x(x^2-1)}{(x^2+1)^2}=\frac{4x}{(x^2+1)^2}$$

例 6 设 $y=\dfrac{x\ln x}{x^2+1}$,求 y', $y'|_{x=1}$.

解 $$y'=\left(\frac{x\ln x}{x^2+1}\right)'=\frac{(x\ln x)'(1+x^2)-x\ln x(1+x^2)'}{(x^2+1)^2}$$

$$=\frac{(1\cdot\ln x+x\cdot\frac{1}{x})(1+x^2)-x\ln x(0+2x)}{(x^2+1)^2}$$

$$=\frac{\ln x+1+x^2-x^2\ln x}{(x^2+1)^2}$$

所以 $$y'|_{x=1}=\frac{\ln x+1+x^2-x^2\ln x}{(x^2+1)^2}\bigg|_{x=1}=\frac{2}{4}=\frac{1}{2}$$

3.2.2 初等函数的微分

由$\dfrac{dy}{dx}=f'(x)$得 $dy=f'(x)dx$,根据此式和基本初等函数的导数公式,得基本初等函数在任意一点 x 的微分:

$$dC=0$$

$$dx^a=ax^{a-1}dx \quad (a\text{ 为任意实数})$$

$$da^x=a^x\ln a dx \quad (a>0,\ a\neq1)$$

$$de^x=e^x dx$$

$$d\ln x=\frac{1}{x}dx$$

$$d\log_a x=\frac{1}{x\ln a}dx \quad (a>0,\ a\neq1)$$

$$d\sin x=\cos x dx$$

$$d\cos x=-\sin x dx$$

$$d\tan x=\sec^2 x dx$$

$$d\cot x=-\csc^2 x dx$$

$$d\sec x=\sec x\tan x dx$$

$$d\csc x=-\csc x\cot x dx$$

$$\mathrm{d}\arcsin x = \frac{1}{\sqrt{1-x^2}}\mathrm{d}x$$

$$\mathrm{d}\arccos x = \frac{-1}{\sqrt{1-x^2}}\mathrm{d}x$$

$$\mathrm{d}\arctan x = \frac{1}{1+x^2}\mathrm{d}x$$

$$\mathrm{d}\,\mathrm{arccot}\, x = \frac{-1}{1+x^2}\mathrm{d}x$$

上述公式推导简单，但在后继内容求积分中应用广泛，尤其是公式的逆应用.

同学们可以自己推导微分的四则运算法则，我们不作要求，但有一个公式比较重要. 这里特别指出：

$$\mathrm{d}[Cf(x)] = C\mathrm{d}f(x),\ C \text{ 为任意常数}$$

例 7　在横线处填入函数使等式成立.

(1)$\sin x\mathrm{d}x = \mathrm{d}$ ＿＿＿＿＿＿

(2)$x^2\mathrm{d}x = \mathrm{d}$ ＿＿＿＿＿＿

解：(1) 因为 $(\cos x)' = -\sin x$，即 $(-\cos x)' = \sin x$，所以 $\sin x\mathrm{d}x = \mathrm{d}(-\cos x)$.

(2) 因为 $(x^3)' = 3x^2$，即 $(\frac{1}{3}x^3)' = x^2$，所以 $x^2\mathrm{d}x = \mathrm{d}(\frac{1}{3}x^3)$.

3.2.3　复合函数求导法则

设 $y = f[g(x)]$ 是由 $y = f(u)$ 和 $u = g(x)$ 构成的复合函数. 如果 $u = g(x)$ 在点 x 有导数 $\frac{\mathrm{d}u}{\mathrm{d}x} = g'(x)$，$y = f(u)$ 在点 u 有导数 $\frac{\mathrm{d}y}{\mathrm{d}u} = f'(u)$，则复合函数 $y = f[g(x)]$ 在点 x 的导数如何求解呢？

复合函数 $y = f[g(x)]$ 在点 x 的导数

$$\frac{\mathrm{d}y}{\mathrm{d}x} = \frac{\mathrm{d}y}{\mathrm{d}u}\cdot\frac{\mathrm{d}u}{\mathrm{d}x}$$

或记作　$[f(g(x))]' = f'(u)g'(x) = f'(g(x))g'(x)$

注意，上式表明了复合函数的导数等于已知函数对中间变量的导数乘以中间变量对自变量的导数. 我们经常称之为复合函数求导的链式法则.

说明　符号 $[f(g(x))]'$ 表示复合函数 $f[g(x)]$ 对自变量 x 求导数，而符号 $f'[g(x)]$ 表示复合函数对中间变量 $u = g(x)$ 求导数.

复合函数求导是导数计算中的难点. 解题的关键是要弄清复合函数的构

造，也就是复合函数是由哪几个简单函数复合而成的，然后再根据复合函数求导法则一步步解下去.

例 8 分别求函数 $y=\sin 5x$ 与 $y=\sin^5 x$ 的导数.

解 先求 $y=\sin 5x$ 的导数：令 $u=5x$，则 $y=\sin u$，于是

$$y'=(\sin 5x)'=\frac{dy}{dx}=\frac{dy}{du}\cdot\frac{du}{dx}=\cos u\cdot 5=5\cos 5x$$

再求 $y=\sin^5 x$ 的导数：令 $u=\sin x$，则 $y=u^5$，于是

$$y'=(\sin^5 x)'=\frac{dy}{dx}=\frac{dy}{du}\cdot\frac{du}{dx}=5u^4\cdot\cos x=5\sin^4 x\cos x$$

例 9 设 $y=\ln\cos x$，求 y' 及 dy.

解 令 $u=\cos x$，则 $y=\ln u$，于是

$$y'=\frac{dy}{dx}=\frac{dy}{du}\cdot\frac{du}{dx}=\frac{1}{u}(-\sin x)=-\frac{\sin x}{\cos x}=-\tan x$$

$$dy=y'dx=-\tan x dx$$

例 10 求函数 $y=e^{\frac{1}{x}}$ 的导数.

解 令 $u=\frac{1}{x}$，则 $y=e^u$，于是

$$y'=(e^{\frac{1}{x}})'=\frac{dy}{du}\cdot\frac{du}{dx}=e^u\cdot\left(-\frac{1}{x^2}\right)=-\frac{1}{x^2}e^{\frac{1}{x}}$$

注意 在求复合函数的导数时，因设出中间变量，已知函数要对中间变量求导数，所以计算式中会出现中间变量，最后必须将中间变量用自变量代换. 另外，最初作题时，可设出中间变量，将复合函数分解. 作题较熟练时，可不写出中间变量，按复合函数的构成层次，由外层向内层逐层求导.

例 11 填空：

(1) $y=\sin 2x$，$y'=$

(2) $y=\cos(-x)$，$y'=$

(3) $y=e^{3x}$，$y'=$

(4) $y=e^{-x}$，$y'=$

(5) $y=\ln(3x+1)$，$y'=$

解：答案依次为 $y'=2\cos 2x$； $y'=-\sin x$； $y'=3e^{3x}$； $y'=-e^{-x}$； $y'=\frac{3}{3x+1}$.

例 12 设 $y=\arcsin e^x$，求 y'.

解 $y'=(\arcsin e^x)'=\frac{1}{\sqrt{1-e^{2x}}}(e^x)'=\frac{e^x}{\sqrt{1-e^{2x}}}$

例 13　设 $y=(\arctan x)^3$，求 y'.

解　$y'=[(\arctan x)^3]'=3(\arctan x)^2(\arctan x)'$

$$=3(\arctan x)^2\cdot\frac{1}{1+x^2}=\frac{3}{1+x^2}(\arctan x)^2$$

求复合函数的导数，其关键是分析清楚复合函数的构造，经过一定数量的练习之后，要达到一步就能写出复合函数的导数.

例 14　气球充气时，半径 r 以 1cm/s 的速度增大. 设在充气过程中气球保持球形，求当半径 $r=10\text{cm}$ 时，气球体积 V 增加的速度.

解　气球充气时，气球半径 r 是时间 t 的函数，而体积 V 是半径的函数：

$$V(r)=\frac{4}{3}\pi r^3,\quad r=r(t)$$

利用复合函数求导公式得到，

$$\frac{\mathrm{d}V}{\mathrm{d}t}=\frac{\mathrm{d}V}{\mathrm{d}r}\cdot\frac{\mathrm{d}r}{\mathrm{d}t}=4\pi r^2\frac{\mathrm{d}r}{\mathrm{d}t}$$

已知 $\frac{\mathrm{d}r}{\mathrm{d}t}=1\text{cm/s}$，所以 $\frac{\mathrm{d}V}{\mathrm{d}t}=4\pi r^2\text{cm/s}$

将 $r=10\text{cm}$ 代入，得到 $\frac{\mathrm{d}V}{\mathrm{d}t}=400\pi\text{cm}^3/\text{s}$.

即当 $r=10\text{cm}$ 时，气球体积 V 增加的速度为 $400\pi\text{cm}^3/\text{s}$.

3.2.4　高阶导数

在研究导数定义时，我们已经知道，若物体的运动规律为函数 $S(t)$，则物体的速度为 $v(t)=S'(t)$. 速度 $v(t)=S'(t)$ 仍是时间 t 的函数. 物理学中把速度 v 对时间 t 的变化率称为加速度. 加速度是速度 v 对时间 t 的导数，也就是路程 $S(t)$ 的导数的导数，称为 $S(t)$ 的二阶导数，记为 $S''(t)$.

一般地，如果函数 $y=f(x)$ 的导函数 $f'(x)$ 在点 x_0 可导，则称 $f'(x)$ 在点 x_0 的导数为函数 $y=f(x)$ 在点 x_0 的二阶导数，记作 $f''(x_0)$，或 $y''|_{x=x_0}$，或 $\left.\frac{\mathrm{d}^2y}{\mathrm{d}x^2}\right|_{x=x_0}$ 或 $\left.\frac{\mathrm{d}^2f}{\mathrm{d}x^2}\right|_{x=x_0}$，即

$$f''(x_0)=\lim_{\Delta x\to 0}\frac{f'(x_0+\Delta x)-f'(x_0)}{\Delta x}$$

若函数 $y=f(x)$ 在区间 (a,b) 内每一点 x 都存在二阶导数，这时称 $f''(x)$ 为函数 $y=f(x)$ 在 (a,b) 内的二阶导函数，简称为二阶导数.

依此类推，我们称二阶导数 $f''(x)$ 的导数为 $f(x)$ 的三阶导数，记作 $f'''(x)$，$y'''(x)$，$\frac{\mathrm{d}^3y}{\mathrm{d}x^3}$ 或 $\frac{\mathrm{d}^3f}{\mathrm{d}x^3}$.

一般地，$f(x)$ 的 $n-1$ 阶导数的导数称为 $f(x)$ 的 n 阶导数，记作 $f^{(n)}(x)$，$y^{(n)}(x)$，$\dfrac{\mathrm{d}^n y}{\mathrm{d}x^n}$ 或 $\dfrac{\mathrm{d}^n f}{\mathrm{d}x^n}$.

另外，函数 $y=f(x)$ 在点 x_0 的 n 阶导数可以记作：$f^{(n)}(x_0)$，$y^{(n)}\Big|_{x=x_0}$，$\dfrac{\mathrm{d}^n y}{\mathrm{d}x^n}\Big|_{x=x_0}$，$\dfrac{\mathrm{d}^n f}{\mathrm{d}x^n}\Big|_{x=x_0}$.

二阶和二阶以上的导数都称为高阶导数. 根据高阶导数的定义可知，求函数的高阶导数不需要新的方法，只要对函数一次一次的求导就可以了.

例 15 设 $y=\ln(1+x^2)$，求 y''，$y''|_{x=1}$.

解 先求一阶导数：

$$y'=[\ln(1+x^2)]'=\frac{2x}{1+x^2}$$

再求二阶导数：

$$y''=\left(\frac{2x}{1+x^2}\right)'=\frac{2(1+x^2)-2x\cdot 2x}{(1+x^2)^2}=\frac{2(1-x^2)}{(1+x^2)^2}$$

所以 $$y''|_{x=1}=\frac{2(1-x^2)}{(1+x^2)^2}\Big|_{x=1}=0$$

常见错误：

1. 函数形式的常数的导数应为 0.

错误解法：$(\sin 1)'=\cos 1$，$(\ln 10)'=\dfrac{1}{10}$

正确解法：$(\sin 1)'=0$，$(\ln 10)'=0$

2. 导数运算的乘法、除法法则用错.

如：已知 $y=x\ln x$，$y=\dfrac{\sin x}{x}$，求 y'.

错误解法：$(x\ln x)'=x'\cdot(\ln x)'=1\cdot\dfrac{1}{x}=\dfrac{1}{x}$

$$\left(\frac{\sin x}{x}\right)'=\frac{(\sin x)'}{x'}=\frac{\cos x}{1}=\cos x$$

正确解法：$(x\ln x)'=x'\ln x+x(\ln x)'=1\cdot\ln x+x\cdot\dfrac{1}{x}=\ln x+1$

$$\left(\frac{\sin x}{x}\right)'=\frac{(\sin x)'x-\sin x\cdot x'}{x^2}=\frac{x\cos x-\sin x}{x^2}$$

3. 幂函数和指数函数求导公式混淆.

如：已知 $y=2^x$，求 y'.

错误解法：$y'=x2^{x-1}$

正确解法：$y' = 2^x \ln 2$

4. 复合函数求导不到位.

如：已知 $y = \ln(x^2 + 1)$，求 y'.

错误解法：$y' = \dfrac{1}{1 + x^2}$

正确解法：$y' = \dfrac{1}{1 + x^2} \cdot 2x = \dfrac{2x}{1 + x^2}$

5. 变量代换的过程中出错.

如：已知 $y = \arctan(x^2 + 1)$，求 y'.

错误解法：设 $u = x^2 + 1$，则 $y = \arctan u, y' = \dfrac{1}{1 + x^2} \cdot 2x = \dfrac{2x}{1 + x^2}$

正确解法：设 $u = x^2 + 1$，则 $y = \arctan u, y' = \dfrac{1}{1 + u^2} \cdot 2x = \dfrac{2x}{1 + (1 + x^2)^2}$

习题 3.2

1. 求下列函数的一阶导数与微分.

(1) $y = 3x^4 - x + 5$

(2) $y = 3x^3 + 3^x + \log_3 x + 3^3$

(3) $y = (1 - x)(1 - 2x)$

(4) $y = 5\sqrt{x} - \dfrac{1}{x}$

(5) $y = \dfrac{x - 1}{x^2 + 1}$

(6) $y = \dfrac{1 + \ln x}{1 - \ln x}$

(7) $y = (1 + x^2)\ln x$

(8) $y = \cos x + x^2 \sin x$

(9) $y = \dfrac{\arctan x}{\sqrt{x}}$

(10) $y = \dfrac{\sin x}{1 + \cos x}$

(11) $y = x\tan x - \cot x$

(12) $y = x\sec x - \csc x$

(13) $y = \dfrac{x}{\sin x} + \dfrac{\sin x}{x}$

(14) $y = \dfrac{x + \ln x}{e^x + x}$

(15) $y = \dfrac{1}{\arcsin x}$

(16) $y = \dfrac{10^x - 1}{10^x + 1}$

(17) $y = e^x(3x^2 - x + 1)$

(18) $y = \sqrt{x}\,\mathrm{arccot}\, x$

2. 若 $f(x) = \dfrac{1}{x + 2} + \dfrac{1}{x^2 + 1}$，求 $f'(0)$，$f'(-1)$，$f'(1)$，$dy|_{x=0}$ 及 $dy|_{x=1}$.

3. 求下列函数的一阶导数与微分.

(1) $y=(2x^2-3)^2$ (2) $y=\sqrt{a^2+x^2}$

(3) $y=\sin(5+2x)$ (4) $y=\ln^2 x$

(5) $y=\ln(a^2-x^2)$ (6) $y=\arctan x^2$

(7) $y=\arcsin\dfrac{1+x}{2}$ (8) $y=\arctan\dfrac{1-x}{1+x}$

(9) $y=\operatorname{arccot}\dfrac{1}{x}$ (10) $y=\ln\ln x$

(11) $y=\sin x^2+\sin^2 x$ (12) $y=\sin(\ln x)$

(13) $y=e^{x^2}$ (14) $y=\log_3(x^2+1)$

(15) $y=(4+\cos x)^{\sqrt{3}}$ (16) $y=\sec 2^x$

(17) $y=\arcsin e^x$ (18) $y=\cos nx$

4. 求下列函数在指定点的导数.

(1) $f(x)=\dfrac{x}{5-x}+\dfrac{x^2}{5}$,求 $f'(x)$, $f'(\pi)$, $f'(-\pi)$.

(2) $f(x)=\arctan\dfrac{2x}{1-x^2}$,求 $f'(x)$, $f'(1)$.

(3) $f(x)=e^x\cos 3x$,求 $f'(x)$, $f'(0)$

(4) $f(x)=\ln(x+\sqrt{x^2-a^2})(a>0)$,求 $f'(x)$, $f'(2a)$

5. 求下列函数的二阶导数.

(1) $y=2x^2+\ln x$ (2) $y=e^{\sqrt{x}}$

(3) $y=\cos^2 x$ (4) $y=e^{-x}\cos x$

(5) $y=(x^3+1)^2$ (6) $y=x\sqrt{2x-3}$

(7) $y=\ln\ln x$ (8) $y=x\arctan x$

(9) $y=\ln(1-x^2)$ (10) $y=(\arcsin x)^2$

6. 验证下列各函数满足相应的关系式.

(1) $y=e^x\sin x$ 满足 $y''-2y'+2y=0$

(2) $y=\cos e^x+\sin e^x$ 满足 $y''-y'+ye^{2x}=0$

7. 在曲线 $y=x^3+x-2$ 上求一点,使得过该点处的切线平行于直线 $y=4x-1$.

8. 一物体沿直线运动,由始点起经过 t 后的距离 S 为 $S=\dfrac{1}{4}t^4-4t^3+16t^2$,问何时它的速度为零?

9. 已知物体作直线运动,其运动方程为 $S=9\sin\dfrac{\pi t}{3}+2t$,试求在第一秒末的加速度($S$ 以米为单位,t 以秒为单位).

*10. 求下列函数的一阶导数.

(1) $y = \sqrt{1+x^2} \cdot \arctan x^3$　　(2) $y = \dfrac{\arccos x}{x} - \ln \dfrac{1+\sqrt{1-x^2}}{x}$

(3) $y = \ln(e^x + \sqrt{1+e^{2x}})$　　(4) $y = e^{\sqrt{1+x^2}}$

(5) $y = [\arcsin(1-x^2)]^2$　　(6) $y = x\sqrt{1-x^2} + \arcsin x$

3.3 导数的应用

3.3.1 导数和微分概念的应用

3.3.1.1 导数的实际意义

由导数的定义可知，函数 $y=f(x)$ 在 x_0 的导数就是函数 $y=f(x)$ 在点 x_0 的变化率，它刻画了函数 $y=f(x)$ 在 x_0 随着自变量 x 的变化而变化的快慢程度. 在实际问题中，函数 $y=f(x)$ 在 x_0 的导数随着函数 $y=f(x)$ 的实际背景的变化而有相应的实际含义.

1. 导数的几何意义

由前述，由切线的斜率问题引出了导数定义. 现在，由导数定义可知：函数 $y=f(x)$ 在点 x_0 的导数 $f'(x_0)$ 在几何上表示曲线 $y=f(x)$ 在点 $M(x_0, f(x_0))$ 处的切线斜率. 这就是导数的几何意义（如图 3-2).

根据导数的几何意义及解析几何中直线的点斜式方程，若函数 $f(x)$ 在 x_0 处可导，则曲线 $y=f(x)$ 在点 $(x_0, f(x_0))$ 处的切线方程为

$$y - f(x_0) = f'(x_0)(x - x_0) \tag{3-25}$$

过曲线上的点 $(x_0, f(x_0))$ 而与切线垂直的直线称为曲线在该点的法线. 由于法线与切线垂直，所以当 $f'(x_0) \neq 0$，即切线不与 x 轴平行时，法线的斜率为 $-\dfrac{1}{f'(x_0)}$. 又因为法线过点 $(x_0, f(x_0))$，所以法线方程为

$$y - f(x_0) = -\frac{1}{f'(x_0)}(x - x_0) \tag{3-26}$$

特别当 $f'(x_0) = 0$ 时，切线方程与法线方程分别为

$$y = f(x_0) \quad 与 \quad x = x_0$$

例 1　求曲线 $y = x^3$ 在点 (1,1) 处的切线和法线方程.

解　$y'(x) = 3x^2$，令 $x=1$，得到 $y'|_{x=1} = 3 \times 1^2 = 3$

所以曲线 $y=x^3$ 在点(1,1) 的切线方程为 $y-1=3(x-1)$，即 $y=3x-2$. 该曲线在点(1,1) 处的法线斜率等于 $-\frac{1}{3}$，于是法线方程为 $y-1=-\frac{1}{3}(x-1)$，即

$$y=\frac{4}{3}-\frac{1}{3}x$$

2. 导数的经济意义

经济中的边际概念，就是导数概念在经济中的具体应用. 边际概念的建立，把导数引入了经济学，使经济学研究的对象从常数进入变量. 这在经济学发展史上具有重要的意义. 下面以总成本和边际成本为例来说明边际概念.

在经济学中，边际成本是指生产最后增加的那个单位产品所花费的成本. 或者说，边际成本就是每增加或减少一个单位产品而使总成本变动的数值. 边际成本记作 MC.

若用初等数学(即离散的情况) 表达，总成本与边际成本的关系见表 3-1.

产量(Q)	总成本(C)	边际成本(MC)
0	8	
		12
1	20	
		10
2	30	
		6
3	36	
		4
4	40	
		5
5	45	
		15
6	60	

表 3-1

表 3-1 说明，生产某产品的固定成本是 8(当 $Q=0$ 时)，生产一个产品，总成本为 $C=20$，即生产第一个产品所花费的成本为 12，因而，生产第一个产品的边际成本 $MC=12$. 生产两个产品，总成本为 $C=30$，即生产第二个产品所花费的成本为 10，因而，生产第二个产品的边际成本 $MC=10$. 依此类推.

假设总成本函数 $C=C(Q)$ 是连续的，而且是可导的. 若产量已经是 Q 单位，在此产出水平上，产量增至 $Q+\Delta Q$，则比值 $\frac{\Delta C}{\Delta Q}=\frac{C(Q+\Delta Q)-C(Q)}{\Delta Q}$ 就是产量由 Q 增至 $Q+\Delta Q$ 这一生产过程中，每增加单位产量时总成本的平均

增量.

由于假设产量 Q 是连续变化的,令 $\Delta Q \to 0$,则极限

$$\lim_{\Delta Q \to 0} \frac{\Delta C}{\Delta Q} = \lim_{\Delta Q \to 0} \frac{C(Q + \Delta Q) - C(Q)}{\Delta Q}$$

就表示产量为某一值 Q 的“边缘上”总成本的变化情况. 这样一个极限就是产量为 Q 单位时总成本的变化率,称为产量为 Q 时的边际成本,记作 MC,即边际成本就是总成本 C 对产量 Q 的导数,边际成本函数为

$$MC = \frac{\mathrm{d}C}{\mathrm{d}Q}$$

按上述讨论,一般情况,边际成本可解释为:生产第 Q 个单位产品,总成本增加(实际上是近似的)的数量,即生产第 Q 个单位产品所花费的成本.

例如,线性总成本函数

$$C = C(Q) = 2Q + 5$$

由于　$MC = C'(Q) = 2$

这说明,产量为任何水平时,每增加单位产品,总成本都增加 2.

又如,二次成本函数

$$C = C(Q) = 2Q^2 + 36Q + 9800$$

由于　$MC = C'(Q) = 4Q + 36$

即边际成本是 Q 的函数,说明在不同的产量水平上,每增加单位产品,总成本的增加额将是不同的.

例如,当 $Q = 3$ 时,$MC|_{Q=3} = 48$. 这表明,生产第 3 个单位产品,总成本将增加 48 个单位,即生产第 3 个单位产品所花费的成本为 48;当 $Q = 5$ 时,$MC|_{Q=5} = 56$. 这表明,生产第 5 个单位产品,总成本将增加 56,即生产第 5 个单位产品所花费的成本是 56.

例 2　某产品生产 Q 单位的总成本 C 为 Q 的函数

$$C = C(Q) = 1000 + 0.012Q^2 (元)$$

求:(1) 生产 1000 件产品时的总成本和平均单位成本;

(2) 生产 1000 件产品时的边际成本.

解　(1) 由成本函数 $C = C(Q) = 1000 + 0.012Q^2$ 知,生产 1000 件产品的总成本为

$$C(1000) = 1000 + 0.012 \times 1000^2 = 13000 (元)$$

每件产品的平均成本是

$$\frac{C(1000)}{1000} = \frac{13000}{1000} = 13 (元/件)$$

总成本函数关于产量Q求导(过程略),得到边际成本函数$C'(Q)=0.024Q$,生产 1000 件产品时的边际成本为$C'(1000)=0.024\times 1000=24$(元/件)

对其他经济函数,"边际"概念有类似的意义,即对经济学中的函数而言,因变量对自变量的导数,统称为"边际".

例如,对总收益函数$R=R(Q)$,则R对Q的导数称为边际收益,记作MR. 边际收益函数为

$$MR=\frac{\mathrm{d}R}{\mathrm{d}Q}$$

边际收益可解释为:销售第Q单位产品,总收益增加的数额,即销售第Q个单位产品所得到的收益.

3. 导数的物理意义

物理学中的瞬时速度、角速度、加速度、线密度、电流、功率、物体冷却(升温)速度和放射性元素的衰变率等变化率都可以用导数来刻画.

例 3 已知物体运动方程为$S=10t^2$,求速度$v(t)$和加速度$a(t)$及在$t=4$时的瞬时速度和瞬时加速度.

解 $v(t)=S'(t)=20t,\quad a(t)=v'(t)=S''(t)=20$

$v(4)=80,\quad a(4)=20$

导数的应用非常广泛,除上述情况外,化学中扩散速度和反应速度等,生物学中的种群出生率、死亡率和自然增长率等,社会学中的信息的传播速度、时尚的推广速度等变化率都可用导数来表示.

例 4 一个细菌种群的初始总量为 10000,t小时后,该种群的数量$P(t)=10000(1+0.86t+t^2)$

(1) 求种群数P关于时间t的变化率.

(2) 求 5 小时后该种群的总数,另外求$t=5$时的增长率.

解 (1) 种群数P关于时间t的变化率为

$$P'(t)=10000(0+0.86+2t)=8600+20000t$$

(2)5 小时后该种群的总数为

$$P(5)=10000(1+0.86\times 5+5^2)=303000$$

$t=5$时的增长率为

$$P'(5)=8600+20000\times 5=108600$$

3.3.1.2 微分概念的应用

作为微分概念的简单应用,在这里只介绍微分在近似计算中的应用.

从微分的几何意义(如图 3-3)我们知道,若函数 $y=f(x)$ 在点 x_0 可导,该函数在点 x_0 的改变量 Δy 可用微分 $f'(x_0)\Delta x$(它是 Δx 的线性函数)近似代替.在实用上,当 $|\Delta x|$ 很小时,近似程度就很好,此时

$$\Delta y \approx \mathrm{d}y$$

因为

$$\Delta y = f(x_0+\Delta x)-f(x_0)$$

所以,我们可得到两个近似公式

$$\Delta y = f(x_0+\Delta x)-f(x_0)\approx f'(x_0)\Delta x \qquad (3\text{-}27)$$

即

$$f(x_0+\Delta x)\approx f(x_0)+f'(x_0)\Delta x \qquad (3\text{-}28)$$

在公式(3-28)中,令 $x=x_0+\Delta x$,即 $\Delta x = x-x_0$,则(3-28)式可写作

$$f(x)\approx f(x_0)+f'(x_0)(x-x_0) \qquad (3\text{-}29)$$

特别地,在(3-29)中,若取 $x_0=0$,当 $|\Delta x|$ 很小时,又有近似公式

$$f(x)\approx f(0)+f'(0)x \qquad (3\text{-}30)$$

若分别取 $f(x)=\sin x$, e^x, $\ln(1+x)$, $\tan x$, $(1+x)^a$,可分别得到常用的近似公式

$\sin x\approx x$,(x 以弧度为单位)　$\mathrm{e}^x\approx 1+x$,　$\ln(1+x)\approx x$,　$\tan x \approx x$(x 以弧度为单位)

$$(1+x)^a\approx 1+ax,\text{取 } a=\frac{1}{n},\text{得 } \sqrt[n]{1+x}\approx 1+\frac{x}{n}$$

其中,(3-27)式用来近似计算函数的改变量,用在点 x_0 的微分 $f'(x_0)\Delta x$ 近似计算函数在点 x_0 的改变量 Δy;(3-28)式是用来近似计算函数值;而(3-29)式是近似计算在点 x 的函数值 $f(x)$,即用 x 的线性函数 $f(x_0)+f'(x_0)(x-x_0)$ 来近似表示函数 $f(x)$.这正是利用微分的几何意义,即自变量在 x_0 取得改变量 Δx 时,曲线 $y=f(x)$ 在点 x_0 的纵坐标改变量 Δy 可用曲线在点 x_0 的切线纵坐标改变量 $\mathrm{d}y$ 近似代替.

例 5　求 $\sqrt[3]{1.02}$ 的近似值.

解　$\sqrt[3]{1.02}$ 可看作是函数 $f(x)=\sqrt[3]{x}$ 在 $x=1.02$ 处的函数值.于是,设

$$f(x)=\sqrt[3]{x},\quad x_0=1,\quad \Delta x=0.02 \quad (|\Delta x|\text{ 较小})$$

由于 $f'(x)=\frac{1}{3}x^{-\frac{2}{3}}$,　$f(1)=1$,　$f'(1)=\frac{1}{3}$ 所以由(3-28)式,有

$$\sqrt[3]{1.02}\approx 1+\frac{1}{3}\times 0.02\approx 1.0067$$

例 6　求 $\sin 46°$ 的近似值.

解 由于 $46° = 45° + 1° = \frac{\pi}{4} + \frac{\pi}{180}$,所以 sin46° 可看作是函数 $f(x) = \sin x$ 在 $x = \frac{\pi}{4} + \frac{\pi}{180}$ 处的函数值.于是设

$$f(x) = \sin x, \quad x_0 = \frac{\pi}{4}, \quad \Delta x = \frac{\pi}{180}, \quad (|\Delta x| \text{ 较小})$$

由于 $f'(x) = \cos x$, $f(\frac{\pi}{4}) = \frac{\sqrt{2}}{2}$, $f'(\frac{\pi}{4}) = \frac{\sqrt{2}}{2}$,所以由(3-28)式有

$$\sin 46° \approx \sin\frac{\pi}{4} + \cos\frac{\pi}{4}\cdot\frac{\pi}{180} = \frac{\sqrt{2}}{2} + \frac{\sqrt{2}}{2}\cdot\frac{\pi}{180} = 0.7194$$

例 7 一个直径为 10 厘米的球加热后,半径伸长了 0.02 厘米.试求体积增大的近似值.

解 由球的体积公式,半径为 r 的球体积为

$$V = f(r) = \frac{4}{3}\pi r^3$$

球体积增大值为 ΔV,用 $\mathrm{d}V$ 作为其近似值

$$\mathrm{d}V = f'(r)\mathrm{d}r = 4\pi r^2\mathrm{d}r = 4\pi\cdot 5^2\cdot 0.02\mathrm{cm}^3 = 2\pi\mathrm{cm}^3,$$

故所求体积增大值 ΔV 的近似值为 $2\pi\mathrm{cm}^3$.

例 8 有一批半径为 1 厘米的球,为了提高球面的光洁度,要镀上一层铜,厚度定为 0.01 厘米.估计一下每只球需要铜多少克?(铜的比重是 8.9 克 / 立方厘米)

解 球的体积为 $V = \frac{4}{3}\pi r^3$,则 $V' = 4\pi r^2$

$$V'|_{r=1} = 4\times 3.14\times 1^2 = 12.56$$

$$\Delta V \approx V'|_{r=1}\Delta r = 12.56\times 0.01 = 0.1256$$

所以每只球需要用铜约 $0.1256\times 8.9 \approx 1.12$(克).

常见错误:

1.切线斜率用导函数代入.

如:求曲线 $y = x^3$ 在点(1,1)的切线斜率.

错误解法:$y'(x) = 3x^2$, $y = x^3$ 在点(1,1)的切线斜率 $k = 3x^2$.

正确解法:$y'(x) = 3x^2$, $y = x^3$ 在点(1,1)的切线斜率 $k = 3x^2|_{x=1} = 3$.

2.求已知曲线过一个点的切线、法线方程时,当切线斜率为 0 时,法线的斜率不存在,认为法线方程也不存在.

如:求曲线 $y = \cos x$ 在点(0,1)的切线和法线方程.

错误解法:$y' = -\sin x$, $y'|_{x=0} = 0$, $y = \cos x$ 在点(0,1)的切线斜率

为 0，切线方程为 $y=1$；法线斜率不存在，法线方程不存在.

正确解法：$y'=-\sin x$，$y'|_{x=0}=0$，$y=\cos x$ 在点(0,1)的切线斜率为 0，切线方程为 $y=1$；法线斜率不存在，但法线过点(0,1)，所以法线方程为 $x=0$.

3. 微分用于近似计算时，Δx 并不一定是正的，三角函数中的角度应该化为弧度再求解.

如：求 $\sin 29°$ 的近似值.

错误解法：设 $f(x)=\sin x$，取 $x_0=30°$，$\Delta x=1°$，…

正确解法：设 $f(x)=\sin x$，取 $x_0=\frac{\pi}{6}$，$\Delta x=-\frac{\pi}{180}$，…

习题 3.3.1

1. 设函数 $y=f(x)$ 在点 x_0 可导，写出曲线 $y=f(x)$ 在点 $(x_0,f(x_0))$ 的切线方程和法线方程.

2. 求下列曲线在已知点的切线和法线方程.

(1) 在 $y=e^x$ 点(0,1)处　　(2) $y=x^2$ 在点(−2,4)处

(3) $y=\cos x$ 在点(0,1)处　　(4) $y=\ln x$ 在点(1,0)处

(5) 曲线 $y=\frac{2}{x}+x$ 在点(2,3)处

(6) 曲线 $y=(2x-5)\sqrt[3]{x^2}$ 在点 $(2,-\sqrt[3]{4})$ 及点(0,0)处

3. 在曲线 $y=x^3$ 上求一点，使曲线在该点的切线斜率等于 12.

4. 设某产品生产 x 个单位的总收入为

$$R(x)=200x-0.01x^2$$

求生产 100 个单位产品时的总收入、平均收入以及当生产第 100 个单位产品时的边际收入.

5. 设某产品成本函数和总收入函数分别为

$$C(x)=3+2\sqrt{x},\quad R(x)=\frac{5x}{x+1}$$

其中 x 为该产品的销售量. 求该产品的成本变化率(边际成本)，总收入的变化率(边际收入)及利润的变化率(边际利润).

6. 一质点按规律 $S=ae^{-kt}$ 作直线运动，求它的速度和加速度，以及初始速度和初始加速度.

7. 一物体沿直线运动，由始点起经过 t 后的距离 S 为 $S=\frac{1}{4}t^4-4t^3+$

$16t^2$,问何时它的速度为零?

8. 已知物体作直线运动,其运动方程为 $S = 9\sin\frac{\pi t}{3} + 2t$,试求在第一秒末的加速度($S$ 以米为单位,t 以秒为单位).

9. 求下列各数的近似值.

(1) $\sqrt[3]{1.01}$　　(2) $\sin 29°$　　(3) $\cos 151°$

(4) $\sqrt[6]{65}$　　(5) $e^{2.001}$　　(6) $\tan 29°$

10. 一个正方形的边长为 8 厘米,如果每边长增加:(1)1 厘米;(2)0.5 厘米;(3)0.1 厘米,求面积分别增加多少?并分别求面积(即函数)的微分.

11. 一金属圆管,它的内半径为 10 厘米.当管壁厚为 0.05 厘米时,计算这个圆管截面面积的近似值.

12. 一金属球直径为 10 厘米,受热后直径增加了 $\frac{1}{8}$ 厘米,则此金属球体积大约增加了多少?

3.3.2　洛必达法则

上一节里我们由极限的概念推出导数的概念.在这一节里我们将用导数的知识来为求函数的极限服务.这是导数的应用之一.

如果在 x 的某一变化过程中,两个函数 $f(x)$ 与 $g(x)$ 都趋于零或都趋于无穷大,那么 $\lim\frac{f(x)}{g(x)}$ 可能存在,也可能不存在.通常把这种极限叫做未定式,并分别简记为 $\frac{0}{0}$ 型或 $\frac{\infty}{\infty}$ 型.如极限 $\lim\limits_{x\to 0}\frac{\sin x}{x}$,　$\lim\limits_{x\to 0}\frac{\ln(1+x)}{x}$ 就是两个未定式的例子.

对于上述两种类型的未定式,即使它存在也不能用“商的极限等于极限的商”这一法则,而下面要介绍的洛必达法则是求这类极限的一个非常有效的方法.

3.3.2.1　$\frac{0}{0}$ 型未定式

定理 3.2　(洛必达法则 Ⅰ)设函数 $f(x)$ 与 $g(x)$ 同时满足下列条件:

(1) $\lim\limits_{x\to x_0} f(x) = 0$,　$\lim\limits_{x\to x_0} g(x) = 0$

(2) 在点 x_0 的某个去心邻域中,$f'(x)$ 和 $g'(x)$ 都存在,并且 $g'(x) \neq 0$

(3) $\lim\limits_{x\to x_0}\frac{f'(x)}{g'(x)} = A$(或 ∞)

那么有$\lim\limits_{x\to x_0}=\dfrac{f(x)}{g(x)}=\lim\limits_{x\to x_0}\dfrac{f'(x)}{g'(x)}=A$(或 ∞)

这就是说,当$\lim\limits_{x\to x_0}\dfrac{f'(x)}{g'(x)}$存在时,$\lim\limits_{x\to x_0}\dfrac{f(x)}{g(x)}$存在且等于$\lim\limits_{x\to x_0}\dfrac{f'(x)}{g'(x)}$,当$\lim\limits_{x\to x_0}\dfrac{f'(x)}{g'(x)}$为无穷大时,$\lim\limits_{x\to x_0}\dfrac{f(x)}{g(x)}$也是无穷大.

在定理 3.2 中,如果将 $x\to x_0$ 用 $x\to x_0^-$, $x\to x_0^+$,及 $x\to\infty$ 等代替,并对条件(2) 作相应变化,定理结论依然成立.下面定理 3.3 亦然.

例 1　$\lim\limits_{x\to 0}\dfrac{\sin 5x}{x}$

解　$x\to 0$ 时,$\sin 5x\to 0$,这是$\dfrac{0}{0}$型未定式.

因为　$\lim\limits_{x\to 0}\dfrac{(\sin 5x)'}{x'}=\lim\limits_{x\to 0}5\cos 5x=5$

所以　$\lim\limits_{x\to 0}\dfrac{\sin 5x}{x}=5$

例 2　$\lim\limits_{x\to 1}\dfrac{\ln x}{(x-1)^2}$

解　这是一个$\dfrac{0}{0}$型未定式

因为　$\lim\limits_{x\to 1}\dfrac{(\ln x)'}{[(x-1)^2]'}=\lim\limits_{x\to 1}\dfrac{\frac{1}{x}}{2(x-1)}=\lim\limits_{x\to 1}\dfrac{1}{2x(x-1)}=\infty$

所以　$\lim\limits_{x\to 1}\dfrac{\ln x}{(x-1)2}=\infty$

例 3　求$\lim\limits_{x\to 0}\dfrac{x-\sin x}{x^3}$

解　这是$\dfrac{0}{0}$型未定式

因为　$\lim\limits_{x\to 0}\dfrac{(x-\sin x)'}{(x^3)'}=\lim\limits_{x\to 0}\dfrac{1-\cos x}{3x^2}=\lim\limits_{x\to 0}\dfrac{\sin x}{6x}=\dfrac{1}{6}$

所以　原极限式$=\dfrac{1}{6}$

注:1. 在本题中我们连续使用了两次洛必达法则.

2. 上式中的最后一步我们直接应用第一个重要极限即得.本题启发我们,洛必达法则最好能与其他求极限的方法结合使用.比如能化简时尽可能化简,能应用四则运算法则、无穷小量的性质或两个重要极限时,尽可能应用.

3.3.2.2 $\frac{\infty}{\infty}$ 型未定式

定理 3.3 （洛必达法则 Ⅱ）设函数 $f(x)$ 与 $g(x)$ 同时满足下列条件：

(1) $\lim\limits_{x\to x_0} f(x)=\infty$, $\lim\limits_{x\to x_0} g(x)=\infty$

(2) 在点 x_0 的某个去心邻域中，$f'(x)$ 和 $g'(x)$ 都存在，并且 $g'(x)\neq 0$

(3) $\lim\limits_{x\to x_0}\frac{f'(x)}{g'(x)}=A$（或 ∞）

那么有 $\lim\limits_{x\to x_0}\frac{f(x)}{g(x)}=\lim\limits_{x\to x_0}\frac{f'(x)}{g'(x)}=A$（或 ∞）

例 4 $\lim\limits_{x\to+\infty}\frac{x^2}{e^{3x}}$

解 当 $x\to+\infty$ 时，$x^2\to+\infty$，$e^{3x}\to+\infty$，这是 $\frac{\infty}{\infty}$ 型未定式.

因为 $\lim\limits_{x\to+\infty}\frac{(x^2)'}{(e^{3x})'}=\lim\limits_{x\to+\infty}\frac{2x}{3e^{3x}}=\lim\limits_{x\to+\infty}\frac{2}{9e^{3x}}=0$

所以 原式 $=0$

例 5 $\lim\limits_{x\to+\infty}\frac{\ln(1+x)}{x}$

解 当 $x\to+\infty$ 时，$\ln(1+x)\to+\infty$，这是 $\frac{\infty}{\infty}$ 型未定式.

因为 $\lim\limits_{x\to+\infty}\frac{[\ln(1+x)]'}{x'}=\lim\limits_{x\to+\infty}\frac{\frac{1}{1+x}}{1}=0$

所以 原式 $=0$

例 6 $\lim\limits_{x\to0^+}\frac{\ln\sin x}{\ln x}$

解 当 $x\to0^+$ 时，$\ln x\to-\infty$，$\ln\sin x\to-\infty$，这是一个 $\frac{\infty}{\infty}$ 型未定式.

因为 $\lim\limits_{x\to0^+}\frac{(\ln\sin x)'}{(\ln x)'}=\lim\limits_{x\to0^+}\frac{\cos x\cdot\frac{1}{\sin x}}{\frac{1}{x}}=\lim\limits_{x\to0^+}\frac{x\cos x}{\sin x}$

$$=\lim_{x\to0^+}\cos x\cdot\lim_{x\to0^+}\frac{x}{\sin x}=1$$

所以 原式 $=1$.

*3.3.2.3 其他形式的未定式

事实上，其他还有一些形如 $0\cdot\infty$， $\infty-\infty$， 1^∞， ∞^0， 0^0 型的未定

式,也可以通过变形转化为$\frac{0}{0}$型或$\frac{\infty}{\infty}$型未定式来计算.

例 7　$\lim\limits_{x\to\frac{\pi}{2}}(\sec x-\tan x)$

解　这是 $\infty-\infty$ 型未定式.

$$\lim_{x\to\frac{\pi}{2}}(\sec x-\tan x)=\lim_{x\to\frac{\pi}{2}}\frac{1-\sin x}{\cos x}\left(\frac{0}{0}\right)=\lim_{x\to\frac{\pi}{2}}\frac{-\cos x}{-\sin x}=0$$

注:对于三角函数的变形,切割化弦经常是有效的途径.

例 8　$\lim\limits_{x\to+\infty}x\left(\frac{\pi}{2}-\arctan x\right)$

解　$x\to+\infty$ 时,$\arctan x\to\frac{\pi}{2}$,　$\frac{\pi}{2}-\arctan x\to 0$,上式是 $\infty\cdot 0$ 型未定式.

$$\text{原式}=\lim_{x\to+\infty}\frac{\frac{\pi}{2}-\arctan x}{\frac{1}{x}}\left(\frac{0}{0}\right)=\lim_{x\to+\infty}\frac{-\frac{1}{1+x^2}}{-\frac{1}{x^2}}=\lim_{x\to+\infty}\frac{x^2}{1+x^2}=1$$

例 9　求$\lim\limits_{x\to 0^+}x^x$

解　这是 0^0 型的未定式,利用对数恒等式有 $x^x=e^{x\ln x}$,所以

$$\lim_{x\to 0^+}x^x=\lim_{x\to 0}e^{x\ln x}=e^{\lim\limits_{x\to 0}x\ln x}$$

而　$$\lim_{x\to 0}x\ln x(0\cdot\infty)=\lim_{x\to 0}\frac{\ln x}{\frac{1}{x}}\left(\frac{\infty}{\infty}\right)=\lim_{x\to 0}\frac{\frac{1}{x}}{-\frac{1}{x^2}}=\lim_{x\to 0}(-x)=0$$

所以　$$\lim_{x\to 0}x^x=e^{\lim\limits_{x\to 0}x\ln x}=e^0=1$$

常见错误:

1. 极限$\lim\frac{f(x)}{g(x)}$不是$\frac{0}{0}$型或$\frac{\infty}{\infty}$型未定式,不能用洛必达法则求解.

如:求极限$\lim\limits_{x\to 0}\frac{x}{\cos x}$

错误解法:$\lim\limits_{x\to 0}\frac{x}{\cos x}=\lim\limits_{x\to 0}\frac{x'}{(\cos x)'}=\lim\limits_{x\to 0}\frac{1}{-\sin x}=\infty$

正确解法:$x\to 0$ 时,$\cos x\to 1$,$\lim\limits_{x\to 0}\frac{x}{\cos x}=\frac{0}{\cos 0}=\frac{0}{1}=0$

2. 极限$\lim\frac{f(x)}{g(x)}$不满足定理 3.2 或定理 3.3 中的条件(3),即$\lim\frac{f'(x)}{g'(x)}$不存在且不为 ∞,不能用洛必达法则求解.

如：求极限$\lim\limits_{x\to\infty}\dfrac{x+\cos x}{x-\cos x}$

错误解法：当 $x\to\infty$ 时，上式是$\dfrac{\infty}{\infty}$型未定式.

由于$\lim\limits_{x\to\infty}\dfrac{(x+\cos x)'}{(x-\cos x)'}=\lim\limits_{x\to\infty}\dfrac{1-\sin x}{1+\sin x}$不存在，所以原极限不存在.

正确解法：事实上，$\lim\limits_{x\to\infty}\dfrac{x+\cos x}{x-\cos x}=\lim\limits_{x\to\infty}\dfrac{1+\dfrac{\cos x}{x}}{1-\dfrac{\cos x}{x}}=\dfrac{1+0}{1-0}=1$.

3. 洛必达法则和导数的乘法法则、除法法则混淆.

如：求极限 $\lim\limits_{x\to+\infty}\dfrac{x^2}{e^{3x}}$

错误解法：原式 $=\lim\limits_{x\to+\infty}\dfrac{(x^2)'e^{3x}-x^2(e^{3x})'}{(e^{3x})^2}=\lim\limits_{x\to+\infty}\dfrac{2xe^{3x}-3x^2e^{3x}}{e^{6x}}=\cdots$

正确解法：原式 $=\lim\limits_{x\to+\infty}\dfrac{2x}{3e^{3x}}=\lim\limits_{x\to+\infty}\dfrac{2}{9e^{3x}}=0$

习题 3.3.2

1. 求下列极限.

(1) $\lim\limits_{x\to0}\dfrac{\ln\cos x}{x}$　　(2) $\lim\limits_{x\to0}\dfrac{e^x-e^{-x}}{\sin x}$

(3) $\lim\limits_{x\to0}\dfrac{1-\cos x}{x^2}$　　(4) $\lim\limits_{x\to1}\dfrac{x^{10}-1}{x^3-1}$

(5) $\lim\limits_{x\to0}\dfrac{3^x-2^x}{x}$　　(6) $\lim\limits_{x\to+\infty}\dfrac{\ln x}{\sqrt{x}}$

(7) $\lim\limits_{x\to0}\dfrac{x^2-\sin x^2}{x^6}$　　(8) $\lim\limits_{x\to\infty}x\sin\dfrac{2}{x}$

(9) $\lim\limits_{x\to0}x\cdot\cot x$　　(10) $\lim\limits_{x\to0}\dfrac{e^x-e^{-x}-2x}{x-\sin x}$

2. 说明不能用洛必达法则求下列极限的理由.

(1) $\lim\limits_{x\to0}\dfrac{\cos x}{x-1}$　　(2) $\lim\limits_{x\to0}\dfrac{x+\cos x}{x-\cos x}$

(3) $\lim\limits_{x\to0}\dfrac{x^2\sin\dfrac{1}{x}}{\sin x}$

*3. 求下列极限

(1) $\lim\limits_{x\to1}(1-x)\tan\dfrac{\pi}{2}x$　　(2) $\lim\limits_{x\to0}\left(\dfrac{1}{x^2}-\dfrac{1}{x\tan x}\right)$

(3) $\lim\limits_{x\to 0}\dfrac{\tan x - x}{x-\sin x}$　　(4) $\lim\limits_{x\to\infty}x^2\left(1-\cos\dfrac{1}{x}\right)$

(5) $\lim\limits_{x\to 0^+}\dfrac{\ln x}{\ln\cot x}$　　(6) $\lim\limits_{x\to 1}\left(\dfrac{2}{x^2-1}-\dfrac{1}{x-1}\right)$

3.3.3　函数的单调性和极值

3.3.3.1　函数单调性的判定定理

中学阶段我们用代数的方法研究了函数的单调性等重要性质，但这些方法往往计算繁琐，局限性大. 导数为我们研究函数的单调性等重要性质提供了有力的工具.

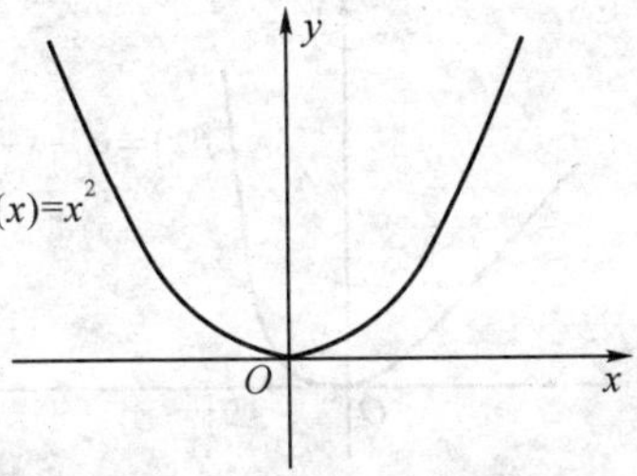

图 3-5

我们先来分析一个特例，如图 3-5. 可导函数 $f(x)=x^2$ 在$(-\infty,0)$上每一点的切线斜率都是负的，即切线与 x 轴夹角是钝角，这时曲线在区间$(-\infty,0)$上单调递减；曲线 $f(x)=x^2$ 在$(0,+\infty)$上的每一点的切线斜率都是正的，这时曲线 在$(0,+\infty)$上单调递增. 读者可以类似分析其他初等函数，分析函数在给定区间上的单调性与函数符号之间的关系.

函数在一个区间的单调性，可以用它的导数的符号来判定.

定理 3.4　设 I 是一个区间(开或闭，有界或无界)，函数 $f(x)$ 在 I 内可导.

(1) 如果在 I 内 $f'(x)>0$ 恒成立，则 $f(x)$ 在区间 I 内单调增加.

(2) 如果在 I 内 $f'(x)<0$ 恒成立，则 $f(x)$ 在区间 I 内单调减少.

说明：在区间 I 内 $f'(x)>0$，只是 $f(x)$ 在 I 内单调增加的充分条件，而不是必要条件. 例如函数 $f(x)=x^3$ 在$(-\infty,+\infty)$是单调增加的，但是在 $\mathbf{R}$ 内并不总是 $f'(x)>0$，在点 $x=0$ 处，有 $f'(0)=3x^2|_{x=0}=0$.

例 1　讨论函数 $f(x)=e^x-x-1$ 的单调性.

解　函数 $f(x)=e^x-x-1$ 的定义域为$(-\infty,+\infty)$

且 $f'(x) = e^x - 1$，由 $f'(x) = 0$ 得 $x = 0$.

$x = 0$ 将定义域 $(-\infty, +\infty)$ 分成两个区间，如表 3-2.

表 3-2

x	$(-\infty, 0)$	0	$(0, +\infty)$
$f'(x)$	$-$	0	$+$
$f(x)$	↓	0	↑

所以函数 $f(x) = e^x - x - 1$ 在 $(-\infty, 0)$ 内单调减少；在 $(0, +\infty)$ 内单调增加. 如图 3-6 所示.

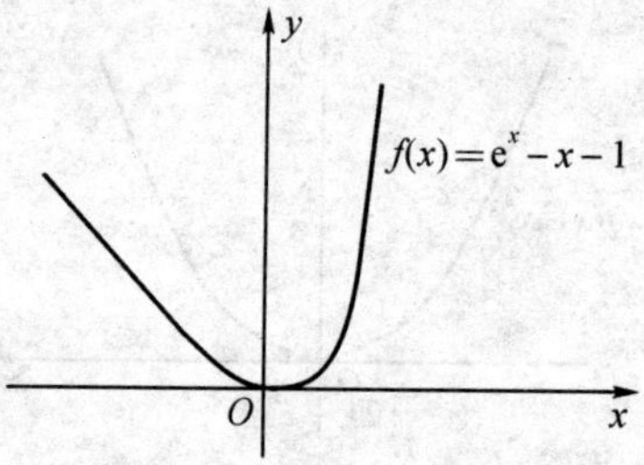

图 3-6

例 2 求 $f(x) = x^3 - 3x^2 - 9x + 1$ 的单调区间.

解 $f(x)$ 在定义域为 $(-\infty, +\infty)$

$$f'(x) = 3x^2 - 6x - 9 = 3(x + 1)(x - 3)$$

当 $x = -1$ 或 $x = 3$ 时，$f'(x) = 0$；导数 $f'(x)$ 的这两个零点将函数定义域 $(-\infty, +\infty)$ 分成三个区间 $(-\infty, -1)$，$(-1, 3)$，$(3, +\infty)$，如表 3-3.

表 3-3

x	$(-\infty, -1)$	-1	$(-1, 3)$	3	$(3, +\infty)$
$f'(x)$	$+$	0	$-$	0	$+$
$f(x)$	↑	6	↓	-26	↑

所以函数 $f(x) = x^3 - 3x^2 - 9x + 1$ 在 $(-1, 3)$ 内单调减少；在 $(-\infty, -1)$ 和 $(3, +\infty)$ 内单调增加. 如图 3-7 所示.

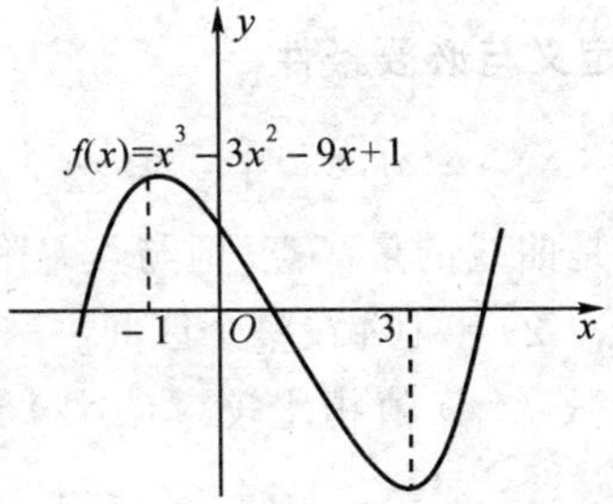

图 3-7

由这个例子我们看到，导数 $f'(x)$ 的零点（以后我们称之为驻点）常是函数单调性改变的分界点.

例 3　讨论函数 $f(x) = \sqrt[3]{x^2}$ 的单调性.

解　函数在 **R** 内有定义. 当 $x \neq 0$ 时，函数的导数为 $f'(x) = \dfrac{2}{3 \cdot \sqrt[3]{x}}$；当 $x = 0$ 时，函数的导数不存在. $x = 0$ 将函数的定义域分成两个区间，如表 3-4.

表 3-4

x	$(-\infty, 0)$	0	$(0, +\infty)$
$f'(x)$	$-$	不存在	$+$
$f(x)$	↓	0	↑

所以函数 $f(x) = \sqrt[3]{x^2}$ 在 $(-\infty, 0)$ 内单调递减；在 $(0, +\infty)$ 内单调递增. 函数的图形如图 3-8 所示.

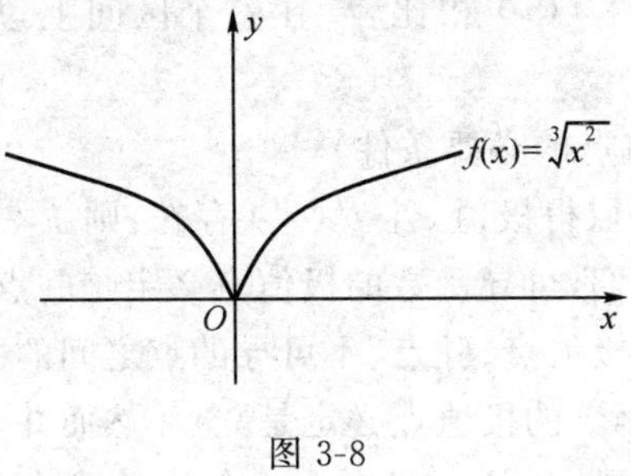

图 3-8

这个例子我们也看到：函数 $f(x) = \sqrt[3]{x^2}$ 在 $x = 0$ 不可导，但 $x = 0$ 是函数的单调减区间 $(-\infty, 0)$ 与单调增区间 $(0, +\infty)$ 的分界点.

3.3.3.2 极值的定义与必要条件

观察函数 $y = f(x) = x^3 - 9x^2 - 48x + 52\ (-5 \leqslant x \leqslant 14)$ 的图形(图 3-9),点 $P(-2,104)$ 不是曲线的最高点. 但与点 P 附近的点相比,这个点是最高的. 也就是说,尽管 $f(-2) = 104$ 在整个区间 $[-5,14]$ 上不是最大值,但与 $x_0 = -2$ 附近的点的函数 $f(x)$ 值相比较,$f(-2)$ 最大.

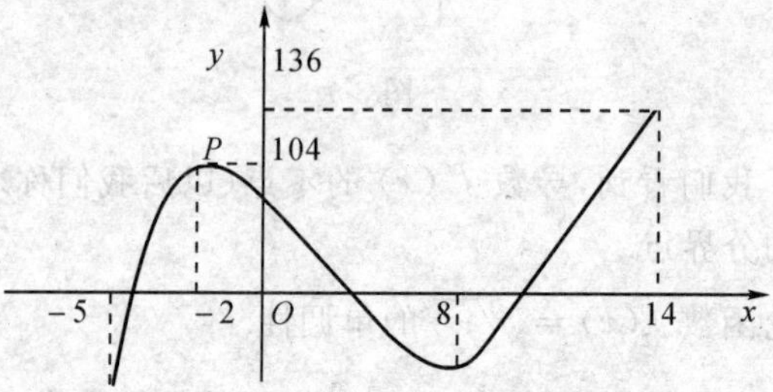

图 3-9

定义 3.3 设函数 $f(x)$ 在点 x_0 的某邻域内有定义.

(1) 如果对于邻域中的每一个点 $x(x \neq x_0)$,都有 $f(x) < f(x_0)$,则称 $f(x_0)$ 是 $f(x)$ 的一个极大值,并称 x_0 是 $f(x)$ 的一个极大值点.

(2) 如果对于邻域中的每一个点 $x(x \neq x_0)$,都有 $f(x) > f(x_0)$,则称 $f(x_0)$ 是 $f(x)$ 的一个极小值,并称 x_0 是 $f(x)$ 的一个极小值点.

函数的极大值与极小值统称为极值,使函数取得极大值或极小值的点称为极值点. 如例 2 中的函数 $f(x) = x^3 - 3x^2 - 9x + 1$ 有极大值 $f(-1) = 6$ 和极小值 $f(3) = -26$,点 $x = -1$ 和 $x = 3$ 都是函数 $f(x)$ 的极值点.

函数的极大值与极小值是局部性的. 我们说 $f(x_1)$ 是极大(小)值,只是与 x_1 附近点 x 的函数值 $f(x)$ 相比较. 在整个区间上,$f(x_1)$ 未必是函数的最大值.

定理 3.5 (极值点的必要条件)

设 $f(x)$ 在点 x_0 取得极值,且 $f'(x_0)$ 存在,则 $f'(x_0) = 0$.

这个定理告诉我们,可导函数的极值点必定是驻点.

下面我们来研究极值点、驻点、不可导的点之间的关系:

刚才讲到,可导函数的极值点必定是驻点. 然而并非函数的所有驻点均一定是极值点. 如 $y = x^3$, $x_0 = 0$ 是它的一个驻点,但 $x_0 = 0$ 不是它的极值点,因为 $f(x)$ 在 $(-\infty, +\infty)$ 是单调增加的. 有些不可导的点也可能是极值点,如 $y = |x|$, $x_0 = 0$ 是它的一个不可导点,也是它的一个极小值点.

3.3.3.3　极值的充分条件

定理 3.6　(极值的第一充分条件)

设函数 $f(x)$ 在点 x_0 的某个邻域中连续且可导($f'(x_0)$ 可以不存在)

(1) 如果在 x_0 的左侧有 $f'(x)>0$,在 x_0 的右侧有 $f'(x)<0$,则 $f(x_0)$ 是 $f(x)$ 的极大值.

(2) 如果在 x_0 的左侧有 $f'(x)<0$,在 x_0 的右侧有 $f'(x)>0$,则 $f(x_0)$ 是 $f(x)$ 的极小值.

(3) 如果在 x_0 的两侧 $f'(x)$ 同号,则 $f(x_0)$ 不是 $f(x)$ 的极值.

定理的条件告诉我们定理适用于两种情况：

(1)$f(x)$ 在的 x_0 某实心邻域可导,且 $f'(x_0)=0$,这时 x_0 是 $f(x)$ 的驻点.如前面例 2.

(2)$f(x)$ 在 x_0 的某去心邻域可导,且 $f(x)$ 在点 x_0 连续但不可导,这时 x_0 是 $f(x)$ 的不可导点.如前面例 3.

定理 3.6 的几何意义是明显的:当曲线 $y=f(x)$ 在 x_0 连续时,如果曲线 $y=f(x)$ 的单调性在点 x_0 的两侧改变,x_0 是 $f(x)$ 的极值点.如果曲线 $y=f(x)$ 在点 x_0 的左侧单调增加且右侧单调减少,则 x_0 是 $f(x)$ 的极大值点;如果曲线 $y=f(x)$ 在点 x_0 的左侧单调减少且右侧单调增加,则 x_0 是 $f(x)$ 的极小值点.当然,如果函数的单调性在 x_0 两侧不改变,则 x_0 不是 $f(x)$ 的极值点.

根据上面的定理,如果函数 $f(x)$ 在所讨论的区间内连续,除个别点外处处可导,那么就可以按下列步骤来求 $f(x)$ 在该区间内的极值点和相应的极值：

(1) 求函数在可导区域内的导数 $f'(x)$;

(2) 求出 $f(x)$ 的全部驻点与不可导点;

(3) 列表考察 $f'(x)$ 的符号在每个驻点或不可导点的左右邻近的情形,以确定该点是否为极值点;如果是极值点,进一步确定是极大值点还是极小值点.

例 4　求 $f(x)=x^3-6x^2+9x-3$ 的极值.

解　$f(x)$ 的定义域是$(-\infty,+\infty)$.

$f'(x)=3x^2-12x+9=3(x-1)(x-3)$,令 $f'(x)=0$,得到驻点 $x_1=1$,$x_2=3$.驻点 $x_1=1$,$x_2=3$ 将函数的定义域分成三个区间,如表 3-5.

表 3-5

x	$(-\infty,1)$	1	$(1,3)$	3	$(3,+\infty)$
$f'(x)$	+	0	−	0	+
$f(x)$	↑	极大值 $f(1)=1$	↓	极小值 $f(3)=-3$	↑

所以 $f(x)$ 在点 $x_1=1$ 取得极大值 $f(1)=1$. $f(x)$ 在点 $x_2=3$ 取得极小值 $f(3)=-3$. 如图 3-10 所示.

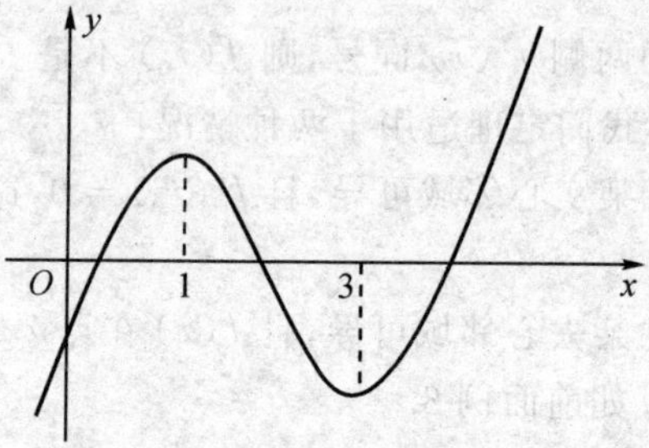

图 3-10

例 5 求函数 $f(x)=x^4-4x^3+10$ 的极值.

解 $f(x)$ 的定义域为 $\mathbf{R}$.

$f'(x)=4x^3-12x^2=4x^2(x-3)$, 令 $f'(x)=0$ 得到驻点 $x_1=0$, $x_2=3$. 驻点 $x_1=0$, $x_2=3$ 将函数的定义域分成三个区间, 如表 3-6.

表 3-6

x	$(-\infty,1)$	0	$(0,3)$	3	$(3,+\infty)$
$f'(x)$	−	0	−	0	+
$f(x)$	↓	非极值 $f(0)=10$	↓	极小值 $f(3)=-17$	↑

所以 $x_1=0$ 不是 $f(x)$ 的极值点. $f(x)$ 在 $x_2=3$ 取得极小值 $f(3)=-17$. 如图 3-11 所示.

例 6 求 $f(x)=\left(x-\dfrac{5}{2}\right)\sqrt[3]{x^2}$ 的极值.

解 $f(x)$ 的定义域为 $(-\infty,+\infty)$.

当 $x\neq 0$ 时, $f'(x)=x^{\frac{2}{3}}+\left(x-\dfrac{5}{2}\right)\dfrac{2}{3}x^{-\frac{1}{3}}$, 即

$$f'(x)=x^{-\frac{1}{3}}\left(\frac{5}{3}x-\frac{5}{3}\right)=\frac{5(x-1)}{3\sqrt[3]{x}}.$$

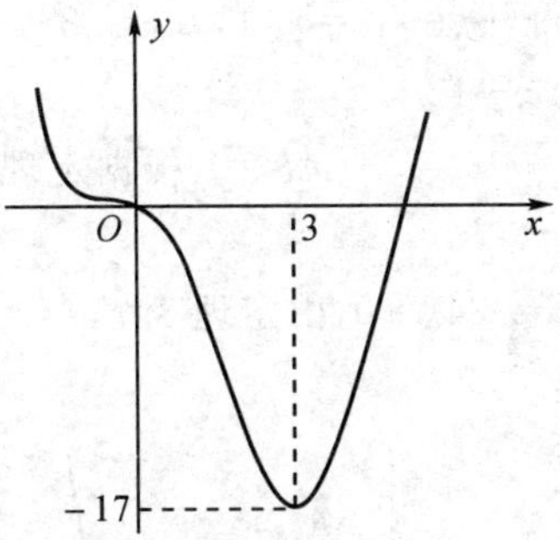

图 3-11

令 $f'(x)=0$，得驻点 $x=1$；$x=0$ 为 $f(x)$ 的不可导点. $x=1$ 和 $x=0$ 将函数的定义域分成三个区间，如表 3-7.

表 3-7

x	$(-\infty,0)$	0	$(0,1)$	1	$(1,+\infty)$
$f'(x)$	+	不存在	−	0	+
$f(x)$	↑	极大值 $f(0)=0$	↓	极小值 $f(1)=-\frac{3}{2}$	↑

所以函数的极大值为 $f(0)=0$，极小值为 $f(1)=-\dfrac{3}{2}$.

注：实际上，当 $x=0$ 时

$$f'(0)=\lim_{x\to 0}\frac{f(x)-f(0)}{x-0}=\lim_{x\to 0}\frac{(x-\frac{5}{2})x^{\frac{2}{3}}}{x}=\infty$$

定理 3.7 （极值的第二充分条件）

设函数 $f(x)$ 在 x_0 处一阶导数存在且为零，即 $f'(x_0)=0$，二阶导数存在不为 0，即 $f''(x_0)\neq 0$，那么

(1) 当 $f''(x_0)<0$ 时，函数 $f(x)$ 在 x_0 处取得极大值；

(2) 当 $f''(x_0)>0$ 时，函数 $f(x)$ 在 x_0 处取得极小值.

定理 3.7 表明，如果函数 $f(x)$ 在驻点 x_0 处的二阶导数 $f''(x_0)\neq 0$，那么该驻点 x_0 一定是极值点，并且可以按二阶导数 $f''(x_0)$ 的符号来判定 $f(x_0)$ 是极大值还是极小值.

例 7　求函数 $f(x)=2x^3-6x^2-18x+7$ 的极值.

解　(1) $f(x)$ 在 $(-\infty,+\infty)$ 上连续且可导，

$$f'(x)=6x^2-12x-18=6(x+1)(x-3)$$

(2) 令 $f'(x)=0$,得驻点 $x_1=-1$, $x_2=3$

(3) 由 $f''(x)=12x-12$

当 $x_1=-1$ 时,$f''(-1)=-24<0$,根据定理 3.7,$f(x)$ 在 $x_1=-1$ 有极大值 $f(-1)=17$.

当 $x_2=3$ 时,$f''(3)=24>0$,由定理 3.7,$f(x)$ 在点 $x_2=3$ 取得极小值 $f(3)=-47$. 如图 3-12 所示.

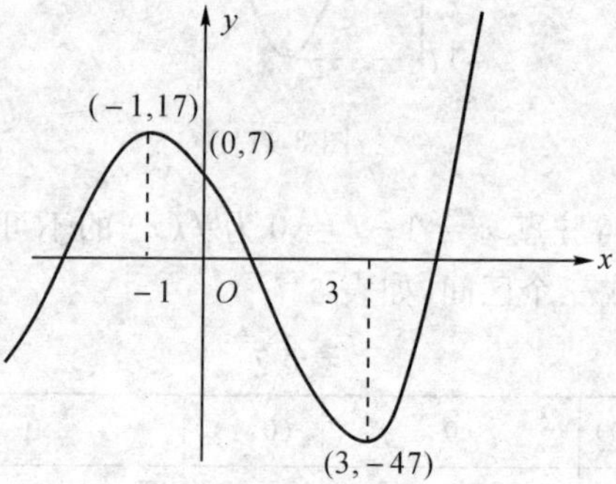

图 3-12

经验告诉我们,如果函数的二阶导数存在且容易求得时,用极值的第二充分条件求函数的极值往往比第一充分条件更简洁. 当然读者可以用极值的第一充分条件解答例 7.

常见错误:

1. $f'(x_0)=0$ 是可导函数 $f(x)$ 在点 x_0 取极值的必要非充分条件.

可导函数 $f(x)$ 在点 x_0 取极值,则一定有 $f'(x_0)=0$. 但 $f'(x_0)=0$ 时,并不能说明可导函数 $f(x)$ 在点 x_0 取得极值. 如对于函数 $y=x^3$,如图 3-13,$f'(0)=0$,但 $x_0=0$ 不是极值点,因为函数 $y=x^3$ 在 $(-\infty,+\infty)$ 是单调增加的.

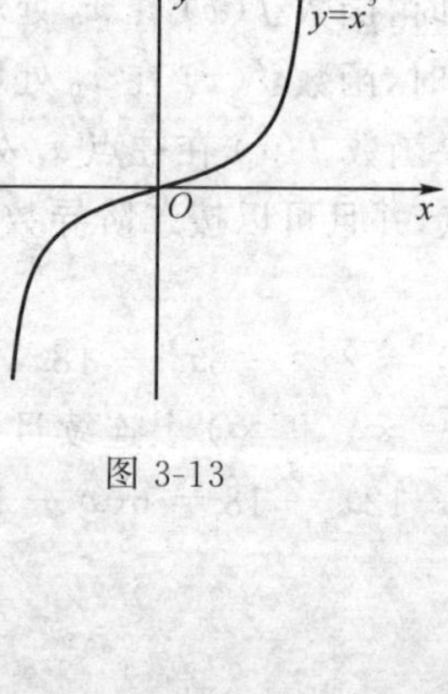

图 3-13

2. 函数 $f(x)$ 在点 x_0 处 $f'(x_0)=0, f''(x_0)\neq 0$ 是函数 $f(x)$ 在点 x_0 取极值的充分非必要条件.

函数 $f(x)$ 在点 x_0 处 $f'(x_0)=0$ 且 $f''(x_0)\neq 0$,则函数 $f(x)$ 在点 x_0 取极值.但函数 $f(x)$ 在点 x_0 取极值,并不能得出结论 $f'(x_0)=0$ 且 $f''(x_0)\neq 0$.要推翻必要性,可由以下两个例题来说明:

(1) 对于函数 $f(x)=x^{\frac{2}{3}}$,如图 3-14(a),函数 $f(x)$ 在点 $x_0=0$ 取极小值,但是 $f'(x)=\frac{2}{3}x^{-\frac{1}{3}}$,在点 $x_0=0$,$f'(x_0)$ 不存在.

(2) 对于函数 $f(x)=x^4$,如图 3-14(b),函数 $f(x)$ 在点 $x_0=0$ 取极小值,但是 $f''(x)=12x^2$,$f''(0)=0$.

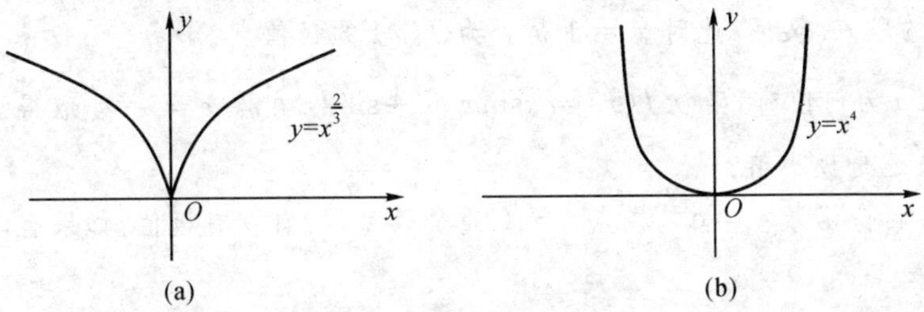

图 3-14

3. 在求解极值可疑点时,容易将不可导的点求成驻点.

如:求函数 $f(x)=x^{\frac{2}{3}}$ 的单调区间和极值

错误解法:$f'(x)=\frac{2}{3}x^{-\frac{1}{3}}$,令 $f'(x)=0$,得驻点 $x_0=0$.

正确解法:$f'(x)=\frac{2}{3}x^{-\frac{1}{3}}=\frac{2}{3\sqrt[3]{x}}$,当 $x_0=0$ 时,$f'(x_0)$ 不存在.

习题 3.3.3

1. 什么是函数的驻点?可导函数取得极值的必要条件是什么?由 $f'(x_0)=0$ 能否推出 x_0 是函数的极值点?

2. 单项选择题.

(1) 可导函数 $f(x)$ 在 x_0 导数 $f'(x_0)=0$ 即点 x_0 是 $f(x)$ 的驻点是 $f(x)$ 在 x_0 取得极值的(　　)条件.

A. 必要　　B. 充分　　C. 充要　　D. 无关

(2) 函数 $f(x)$ 在 x_0 导数 $f''(x_0)=0$ 是 $f(x)$ 在 x_0 取得极值的(　　)条件.

A. 必要　　B. 充分　　C. 充要　　D. 无关

3. 求下列函数的单调区间与极值

(1) $f(x) = x^3 - 3x + 1$　　(2) $f(x) = \dfrac{1}{1 + x^2}$

(3) $f(x) = \dfrac{\ln x}{x}$　　(4) $f(x) = (x^2 - 2x)e^x$

(5) $f(x) = 12 - 12x + 2x^2$　　(6) $f(x) = x - e^x$

(7) $f(x) = (1 + x^2)e^{-x^2}$　　(8) $f(x) = \dfrac{(x^2 + 1)}{x^2 - 1}$

(9) $f(x) = (x - 1)^{\frac{2}{3}}$　　(10) $y = \arctan x - x$

4. 设 $f(x) = x^3 + ax^2 + bx$，且 $f(1) = 3$. 试确定 a 和 b，使得 $x = 1$ 是 $f(x)$ 的驻点. 又问：此时 $x = 1$ 是否为 $f(x)$ 的极值点？

5. a 为何值时，函数 $f(x) = a\sin x + \dfrac{1}{3}\sin 3x$ 在点 $x = \dfrac{\pi}{3}$ 处取得极值？是极大值还是极小值？

6. 讨论函数 $y = e^{|x|}$ 在点 $x = 0$ 处是否可导？有没有极值？如果有，求出其极值？

*7. 证明：二次函数 $y = ax^2 + bx + c(a \neq 0)$ 在点 $x = -\dfrac{b}{2a}$ 取极值；并讨论在什么条件下，它取得极大值(极小值)？

*8. 利用函数的单调性证明：

(1) 当 $x > 0$ 时，有 $e^x > 1 + x$

提示：构造函数 $f(x) = e^x - (1 + x)$，只要证明 $f(x)$ 在 $[0, +\infty)$ 上单调递增

(2) 当 $x > 0$ 时，有 $1 + \dfrac{1}{2}x > \sqrt{1 + x}$

3.3.4 函数的最大值与最小值

在实际应用中，例如成本最低、利润最大、路程最短、容积最大、用量最省等许多问题，都可以归结为在某个区间上求函数之最大值与最小值的问题.

3.3.4.1 闭区间上连续函数的最值

我们知道，闭区间 $[a,b]$ 上的连续函数 $f(x)$ 在区间 $[a,b]$ 上一定有最大值和最小值. 如果 $f(x)$ 是 $[a,b]$ 上的单调函数，则最大值和最小值只能在端点取得. 请读者分析 $f(x)$ 在 $[a,b]$ 上单调增加与减少时最值的取得情况. 如

图 3-15 所示.

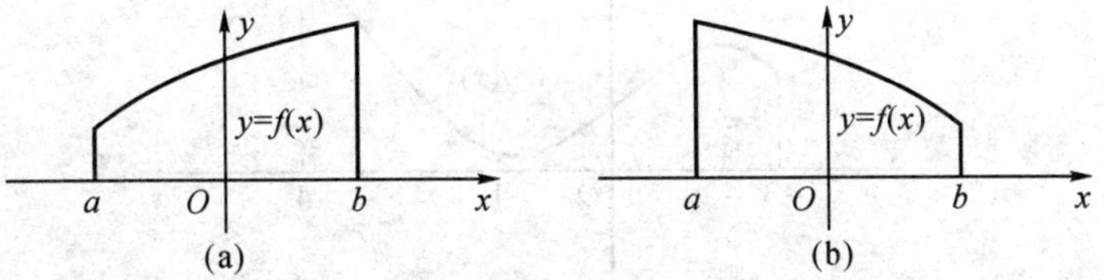

图 3-15

如果 $f(x)$ 在$[a,b]$上连续但非单调函数,那么它的最值点除可能是端点外还可能是极值点. 如图 3-16 所示.

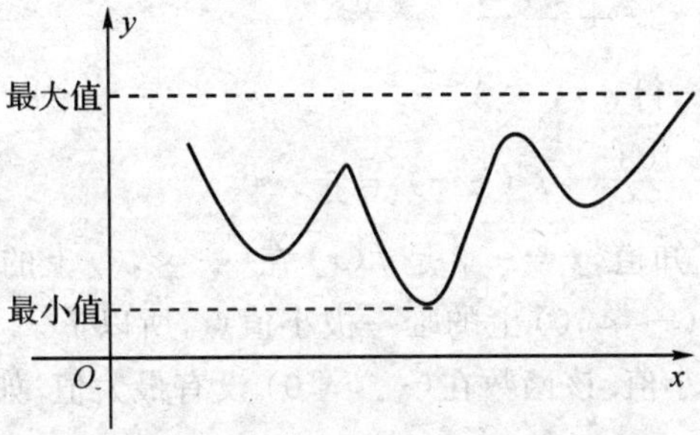

图 3-16

据上一节的分析,函数取得极值的点一定是函数的驻点或导数不存在的点. 因此,求一个连续函数在闭区间$[a,b]$上的最值要综合考虑函数的端点、驻点和不可导点.

例 1　求函数 $f(x)=2x^3+3x^2-12x+14$ 区间$[-3,4]$上的最大值与最小值

解　$f'(x)=6x^2+6x-12=6(x+2)(x-1)$

令 $f'(x)=0$,得到驻点 $x_1=-2$, $x_2=1$. 计算 $f(x)$ 在所有驻点及区间端点上的函数值:$f(-2)=34$, $f(1)=7$, $f(-3)=23$, $f(4)=142$.

比较这些值的大小可知 $f(4)=142$ 为 $f(x)$ 在$[-3,4]$上最大值;$f(1)=7$ 是最小值.

注:本题函数的最大值在区间右端点取得,函数的最小值同时也是极小值. 如图 3-17.

在求最值的问题中,有一种特别情况经常碰到:设 $f(x)$ 在$[a,b]$上连续,在 (a,b) 内可导,且只有一个驻点. 如果这个驻点是极大(小)值点,那么它一定是 $f(x)$ 在$[a,b]$上的最大(小)值点. 参见下例.

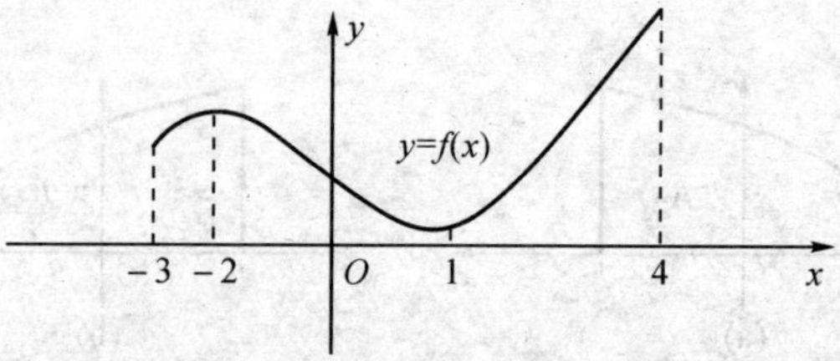

图 3-17

例 2 求出函数 $f(x) = x^2 - \dfrac{54}{x}$ 在 $(-\infty, 0)$ 上的最大值与最小值.

解 $f'(x) = 2x + \dfrac{54}{x^2}$

令 $f'(x) = 0$,得 $x = -3$

$f''(x) = 2 - \dfrac{108}{x^3}$, $f''(-3) = 6 > 0$

根据定理 3-7 知道,$x = -3$ 是 $f(x)$ 在 $(-\infty, 0)$ 上的极小值点. 又因为 $x = -3$ 是 $f(x)$ 在 $(-\infty, 0)$ 上的唯一极小值点,所以 $f(-3) = 27$ 是 $f(x)$ 在 $(-\infty, 0)$ 上的最小值. 该函数在 $(-\infty, 0)$ 没有最大值. 如图 3-18 所示.

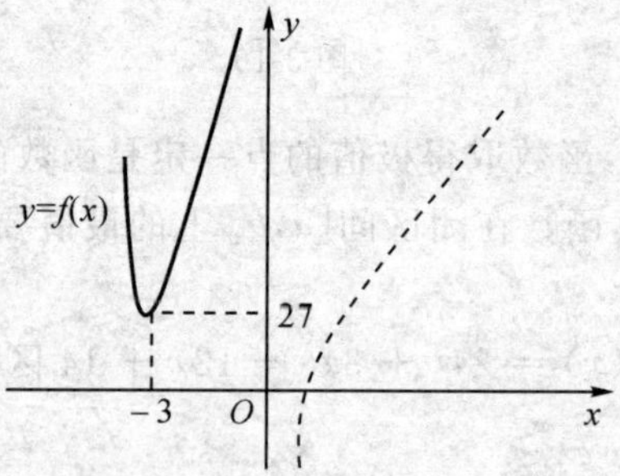

图 3-18

注意:函数在开区间上的最值问题不必考虑端点情况.

3.3.4.2 经济应用问题

1. 利润最大

在产量与销量一致的情况下,总利润函数 $L(Q)$ 定义为总收益函数 $R(Q)$ 与总成本函数 $C(Q)$ 之差,即

$$L(Q) = R(Q) - C(Q)$$

如果企业主以利润最大化为目标来控制产量,那么,应选择产量 Q 的值,

使利润函数 $L(Q)$ 取最大值.

例 3　已知某厂每天生产的某种产品产量 Q(单位:台)与总成本 $C(Q)$(单位:万元)的函数关系 $C(Q)=Q^2-12Q+10$(万元),若产品以固定价格 $P=18$(万元/台)销售,试求:

(1) 利润最大时的产出水平;

(2) 最大利润.

解(1) 产品以固定价格 P 销售,收益函数为 $R(Q)=18Q$

于是,利润函数为

$$L(Q)=R(Q)-C(Q)=18Q-[Q^2-12Q+10]$$
$$=-Q^2+30Q-10(Q>0)$$

令 $L'(Q)=-2Q+30=0$,可得唯一驻点 $Q=15$;再由极值存在的第二充分条件

$$L''(Q)=-2<0$$

所以,利润最大时的产出水平是 $Q=15$,最大利润为 $L(15)=215$(万元).

2. 平均成本最小

设厂商的总成本函数为 $C=C(Q)$. 若厂商以平均成本最低为目标来控制产量水平,这是求平均成本函数 $A(Q)=\dfrac{C(Q)}{Q}$ 的最小值问题.

例 4　若成本函数 $C(x)=4000+3x+10^{-3}x^2$,求使平均成本最小的 x 值.

解　$$A(x)=\frac{C(x)}{x}=\frac{4000+3x+10^{-3}x^2}{x}$$
$$=\frac{4000}{x}+3+10^{-3}x\quad(x>0)$$
$$A'(x)=-\frac{4000}{x^2}+10^{-3}$$

令 $A'(x)=0$,则 $x_1=2000$,　$x_2=-2000$(舍)

$$A''(x)=\frac{8000}{x^3},\quad A''(2000)=\frac{8000}{2000^3}>0$$

所以,当 $x=2000$ 时,$A(x)$ 取唯一极小值,即取最小值. 所以,当 $x=2000$ 时,平均成本最小.

3. 库存模型

存储在社会各个系统中都是一个重要的问题. 这里只讲述最简单的库存模型,即"成批到货,一致需求,不许缺货"的库存模型.

所谓"成批到货",就是工厂生产的每批产品,先整批存入仓库;"一致需

求”就是市场对这种产品的需求在单位时间内数量相同，因而产品由仓库均匀提取投放市场；“不许缺货”就是当前一批产品由仓库提取完后，下一批产品立即进入仓库.

在这种假设下，仓库的库存水平变动情况如图 3-19 所示，并规定仓库的平均库存量为每批产量的一半.

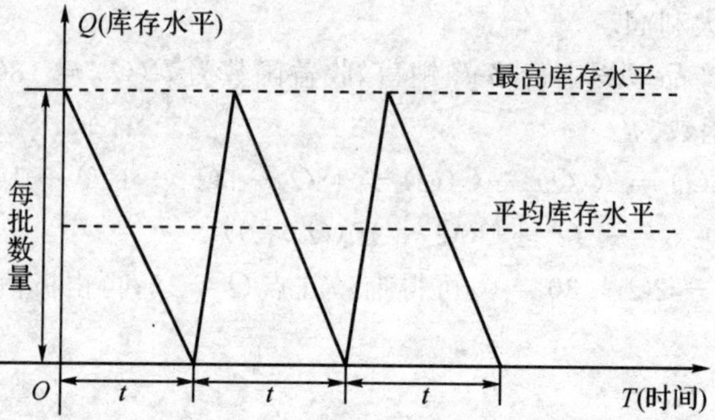

图 3-19

现假设在一个计划期内，工厂的生产总量为 D；分批投产，每次投产数量，即批量为 Q；每批生产准备费为 C_1；每件产品的库存费为 C_2，且按批量的一半 $\frac{Q}{2}$ 收取库存费；库存总费用是生产准备费和库存费之和，记作 E. 我们的问题是：如何决策每批的生产数量，使得库存总费用 E 最小.

由上述已知条件知

库存费 $=$ 每件产品的库存费 $\times$ 批量的一半 $= C_2 \cdot \frac{Q}{2}$

生产准备费 $=$ 每批生产准备费 $\times$ 生产批数 $= C_1 \cdot \frac{D}{Q}$

于是，总费用函数为

$$E = E(Q) = \frac{D}{Q}C_1 + \frac{Q}{2}C_2,\quad Q \in (0, D]$$

例 5 某厂生产摄像机，年产量 1000 台，每台成本 800 元，每一季度每台摄像机的库存费是成本的 5%；工厂分批生产，每批生产准备费为 5000 元；市场对产品一致需求，不许缺货. 试求一年库存总费用最小时的批量.

解 由题目知，$D = 1000$ 台，$C_1 = 5000$ 元，每年每台摄像机库存费用为

$$C_2 = 800 \times 5\% \times 4 = 160$$

$$E = E(Q) = \frac{D}{Q}C_1 + \frac{Q}{2}C_2$$

$$= \frac{1000}{Q} \times 5000 + \frac{Q}{2} \times 160 = \frac{5000000}{Q} + 80Q, \quad 0 < Q \leqslant 1000$$

$$E' = -\frac{5000000}{Q^2} + 80$$

令 $E' = 0$，得 $Q = 250$，或 $Q = -250$（舍）. 且 $E'' = \dfrac{10000000}{Q^3}$，$E''(250) > 0$

所以，当批 $Q = 250$ 量时，一年库存总费用最小，

3.3.4.3　几何应用问题

例 6　某处需建造面积为 45000 平方米的绿化矩形草坪，其中一边可利用已铺好的人行道石方砖，而其他三边需铺设新的石方砖. 问矩形草坪的长、宽各为多少时，才能使所用的石方砖材料最省？

解：所用的石方砖材料最省要求铺设新的石方砖总长度最短.

设草坪的宽为 x 米，则长为 $\dfrac{45000}{x}$ 米，总长为

$$L = 2x + \frac{45000}{x}, \quad x > 0$$

问题归结为求 x 为何值时，总长 L 最小.

由　$L' = 2 - \dfrac{45000}{x^2} = 0$

得驻点 $x = 150$，而 $L'' > 0$

所以，当宽为 150 米时，L 最短，此时长为 300 米，使所用的石方砖材料最省.

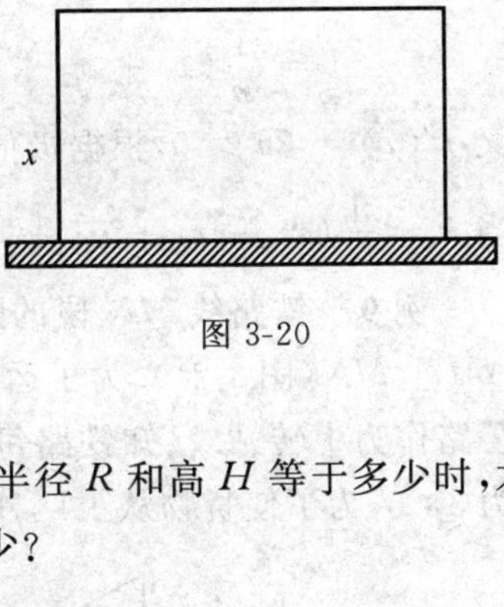

图 3-20

例 7　要造一圆柱形油桶，体积为 V. 问底半径 R 和高 H 等于多少时，才能使表面积 S 最小？这时底直径与高的比是多少？

解（1）分析问题，建立目标函数

$$V = \pi R^2 H, \quad S = 2\pi RH + 2\pi R^2$$

$$S(R) = 2\pi R \times \frac{V}{\pi R^2} + 2\pi R^2 = \frac{2V}{R} + 2\pi R^2, \quad R > 0$$

（2）解极小值问题

$$S'(R) = 2V \times (-R^{-2}) + 4\pi R = 4\pi R - \frac{2V}{R^2} = \frac{4\pi R^2 - 2V}{R^2}$$

令 $S'(R) = 0$ 得驻点 $R_0 = \sqrt[3]{\dfrac{V}{2\pi}}$.

$$S''(R) = 4\pi + 4V/R^3, \quad S''(R_0) > 0$$

所以 $S(R)$ 在 $R_0=\sqrt[3]{\dfrac{V}{2\pi}}$ 取得唯一极小值即最小值，这时

$$H=\frac{V}{\pi R^2}=\sqrt[3]{\frac{4V}{\pi}},\qquad H:2R=1:1$$

3.3.4.4　其他应用

例 8　某实验得一组观测数据 $x_1,x_2,x_3,\cdots,x_n$

证明：当 x 取 $\dfrac{1}{n}(x_1+x_2+\cdots+x_n)$ 时，函数 $f(x)=\sum_{i=1}^{n}(x-x_i)^2$ 有最小值.

解　$f(x)=(x-x_1)^2+(x-x_2)^2+\cdots+(x-x_n)^2$

$$f'(x)=2(x-x_1)+2(x-x_2)+\cdots+2(x-x_n)$$
$$=2nx-2(x_1+x_2+\cdots+x_n)$$

令 $f'(x)=0$，得唯一驻点

$$x=\frac{1}{n}(x_1+x_2+\cdots+x_n)$$

又 $f''(x)=2n>0$，根据极值的第二充分条件有

当 $x=\dfrac{1}{n}(x_1+x_2+\cdots+x_n)$ 时，$f(x)$ 取极小值也是最小值

例 9　铁路线 MN 段的距离为 100 千米. 工厂 A 距离 M 处为 20 千米，且 $AM\perp MN$（图 3-21）. 为了运输需要，在 MN 上选定一点 P 向工厂 A 修筑一条公路作为中转站. 已知铁路每千米货运的运费与公路每千米货运的运费之比为 3∶5，为了使货物从工厂 A 运到销售站 N 的运费最省，问点 P 应选在何处？

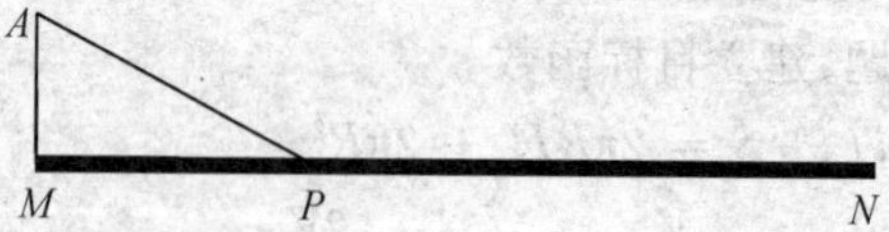

图 3-21

解：设为 $MP=x$ 千米. 由已知条件，不妨设铁路上每千米的运费为 $3k$，公路上每千米的运费为 $5k(k>0)$，设从点 A 到点 N 的总运费为函数 y，那么

$$y=5k\cdot AP+3k\cdot PN$$

代入得　$y=5k\cdot\sqrt{400+x^2}+3k\cdot(100-x)$，　$(0\leqslant x\leqslant 100)$

于是问题归结为求函数在闭区间上的最小值.

对上式求导，则

$$y' = k\left(\frac{5x}{\sqrt{400+x^2}} - 3\right)$$

得 $x = 15$ 是函数在 $(0,100)$ 内唯一的驻点，所以 $y|_{x=15} = 380k$ 为最小. 也就是说在距离点 M 为 15 千米的铁路线上建立中转站 P，总运费最省.

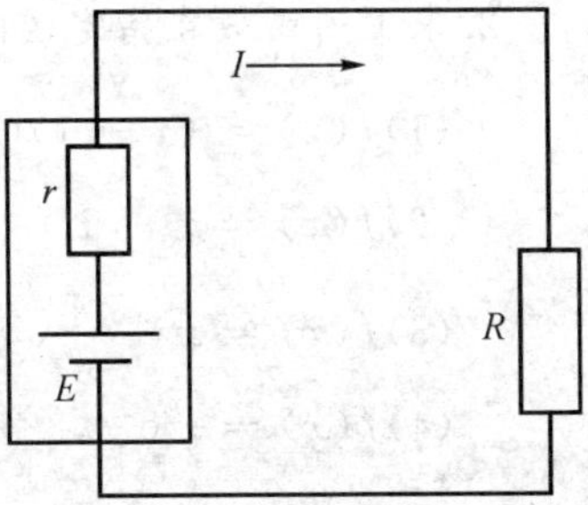

图 3-22

例 10　在如图 3-22 所示的电路图中，已知电源电压为 E，内阻为 r，求负荷电阻 R 多大时，输出功率最大？

解　由题意知道，消耗在负荷电阻 R 上的功率为：$P = I^2R$，其中 I 为回路中的电流. 根据欧姆定律，有 $I = \dfrac{E}{R+r}$，代入前式得

$$P = \left(\frac{E}{R+r}\right)^2 R$$

即

$$P = \frac{E^2R}{(R+r)^2},\quad (0 < R < +\infty)$$

求导得 $P' = \dfrac{E^2(r-R)}{(R+r)^3}$，令 $P' = 0$，得 $P = r$. 由于在区间 $(0, +\infty)$ 内函数 P 只有一个驻点 $R = r$，因此当 $R = r$ 时输出功率最大.

常见错误：

在建立函数关系后时，没有舍去不在定义域内的驻点或不可导的点.

如：求 $f(x) = x^4 - 8x^2 + 2$ 在区间 $[-1,3]$ 上的最大值和最小值.

错误解法：$f'(x) = 4x^3 - 16x = 4x(x+2)(x-2)$，令 $f'(x) = 0$ 得驻点 $x_0 = 0$, $x_2 = 2$, $x_3 = -2$, $f(-2) = -14$, $f(-1) = -5$, $f(0) = 2$, $f(2) = -14$, $f(3) = 11$，所以 $f(x)$ 在区间 $[-1,3]$ 上的最大值为 $f(3) = 11$，最小值为 $f(-2) = f(2) = -14$.

正确解法：$f'(x) = 4x^3 - 16x = 4x(x+2)(x-2)$，令 $f'(x) = 0$ 得驻点 $x_1 = 0$, $x_2 = 2$, $x_3 = -2$(舍), $f(-1) = -5$, $f(0) = 2$, $f(2) = -14$, $f(3) = 11$，所以 $f(x)$ 在区间 $[-1,3]$ 上的最大值为 $f(3) = 11$，最小值为 $f(2) = -14$.

习题 3.3.4

1. 函数在区间 $[a,b]$ 上取得最值的点取自于________

　A. 驻点　　B. 不可导点　　C. 区间端点　　D. 以上均有可能

2. 求下列函数在指定区间上的最大值与最小值.

(1) $f(x) = (x-1)(x-2)^2$, $\left[0, \frac{5}{2}\right]$

(2) $f(x) = x - x^3$ $[0, 1]$

(3) $f(x) = x + \frac{4}{x}$, $[1, 3]$

(4) $f(x) = x^2 e^{-x}$, $[-4, 4]$

(5) $f(x) = \frac{x}{1+x^2}$, $(-\infty, +\infty)$

3. 用 x 表示某企业生产某种产品的数量，当企业生产 x 个产品时，总成本为 $C(x) = 8x + x^2$，总收入为 $R = 26x - 2x^2 - 4x^3$，问生产多少产品时能获得最大利润？

4. 制造一个圆柱形无盖金属桶，其容积为 V. 当金属桶 h 与 r 等于多少时，表面积最小？

5. 某工厂生产某种产品，固定成本为 100 元，每多生产一个单位产品成本增加 10 元，该产品的需求函数为 $Q = 50 - 2P$，求 Q 为多少时，工厂的总利润最大？

6. 有一 $8\text{cm} \times 5\text{cm}$ 的长方形厚纸，在各角剪去相同的小正方形，把四边折起成一个无盖盒子，要使纸盒的容积为最大，问剪去的小正方形的边长为多大？

7. 成本函数 $C(x) = 4000 + 3x + 0.001x^2$，求使平均成本最低的的值.

8. 某工厂每天生产 x 台收音机的总成本为 $C(x) = \frac{1}{9}x^2 + x + 100$(元). 该种收音机独家经营市场规律为：$x = 75 - 3P$，其中 P 是收音机的单价(元). 问每天生产多少台时，获利润最大？此时每台收音机的价格为多少元？

9. 求内接于半径为 R 的球的圆柱体的最大体积

10. 某工厂全年需要购进某种材料 3200 吨，每次购进材料需要采购费 200 元，每吨材料库存一年需库存费 2 元. 问批量为多少时，能使全年的采购费和库存费的总和最小？

11. 假设窗子的形状为一个矩形和一个半圆相接，其中半圆的直径 $2r$ 与矩形的一条边长相等. 设窗子的周长为 10：

(1) 将窗子的面积 S 表示为半径 r 的函数.

(2) 当 r 为何值时，窗子的面积最大？

12. 一火车锅炉每小时消耗煤的费用与火车行驶的速度之三次方成正比.

已知当速度为每小时 20 千米时，每小时耗煤价值 40 元. 其他费用每小时 200 元. 问火车行驶的速度如何才能使火车从甲城开往乙城的总费最省？

13. 欲围一个面积为 150 平方米的矩形场地，正面所用材料每米造价 6 元，其余三面每米造价 3 元，求场地长和宽各为多少时，所用材料费用最省？

14. 甲轮船位于乙轮船东 75 千米处，以 12 千米 / 小时的速度向西行驶，而乙轮船则以 6 千米 / 小时的速度向北行驶. 问经过多少时间两船相距最近？

15. 在一条公路的一侧有某公社的 A,B 两个大队，其位置如图 3-26 所示. 公社欲在公路旁边修建一个堆货场 M，并从 A,B 两个大队各修一条直线大道通往堆货场. 欲使 A,B 到 M 的大道总长为最短，堆货场 M 应该修建在何处？

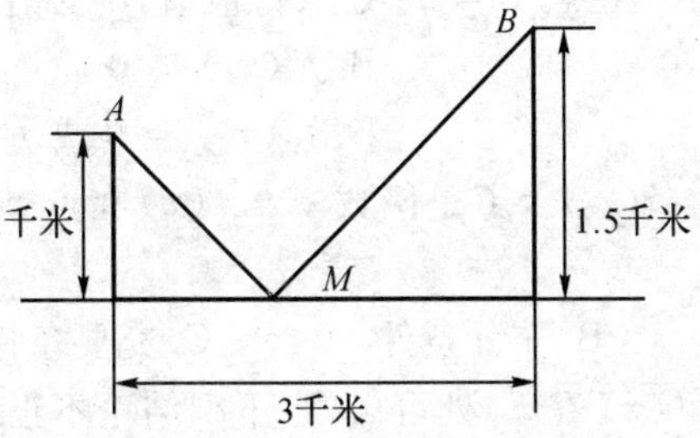

图 3-23

本章复习题

一、选择题

1. 设函数 $y = f(x)$ 在点 x_0 可导，则 $\lim\limits_{\Delta x \to 0} \dfrac{f(x_0 - 2\Delta x) - f(x_0)}{\Delta x}$ 等于　(　　)

A. $f'(x_0)$　B. $-f'(x_0)$　C. $2f'(x_0)$　D. $-2f'(x_0)$

2. 曲线 $y = e^x$ 上点 $(0,1)$ 处的切线方程为　(　　)

A. $y = x + 1$　B. $y = x - 1$　C. $y = x$　D. $y = -x$

3. 设 $f(x)$ 在 (a,b) 内连续，且 $x_0 \in (a,b)$，则在点 x_0 处　(　　)

A. $f(x)$ 极限存在，且可导　B. $f(x)$ 的极限存在，但不一定可导

C. $f(x)$ 的极限不存在　D. $f(x)$ 的极限不一定存在

4. 设 $f(x) = e^x \cos x$，则 $f''(0)$ 等于　(　　)

A. 2　B. 0　C. -2　D. 不存在

5. 设 $f(x)=\begin{cases}\frac{1}{2}x, & x\geqslant 0\\ a\sin x, & x<0\end{cases}$ 在 $x=0$ 处可导，则 a 等于　　（　　）

A. 0　　B. $\frac{1}{2}$　　C. 1　　D. 2

6. 下列极限中能使用洛比塔法则的是　　（　　）

A. $\lim\limits_{x\to\infty}\frac{\sin x}{x}$　　B. $\lim\limits_{x\to\infty}\frac{x-\sin x}{x+\sin x}$

C. $\lim\limits_{x\to\frac{\pi}{2}}\frac{\tan 5x}{\sin 3x}$　　D. $\lim\limits_{x\to+\infty}\frac{\ln(1+e^x)}{x}$

7. 函数 $y=f(x)$ 在点 $x=x_0$ 处取得极值，则必有　　（　　）

A. $f''(x_0)<0$　　B. $f''(x_0)>0$

C. $f''(x_0)=0$　　D. $f'(x_0)=0$ 或 $f'(x_0)$ 不存在

8. $f'(x_0)=0$，$f''(x_0)>0$ 是函数 $y=f(x)$ 在点 $x=x_0$ 处有极值的一个　　（　　）

A. 必要条件　　B. 充分条件　　C. 充要条件　　D. 无关条件

9. 若函数 $y=f(x)$ 在 x_0 处可微，则下列结论不正确的是　　（　　）

A. $y=f(x)$ 在 x_0 处连续　　B. $y=f(x)$ 在 x_0 处可导

C. $y=f(x)$ 在 x_0 处无定义　　D. $y=f(x)$ 当 $x\to x_0$ 时的极限存在

10. 设 $y=\cos nx$，则 dy 等于　　（　　）

A. $-\sin nx\,dx$　　B. $n\sin nx\,dx$　　C. $-n\sin nx$　　D. $-n\sin nx\,dx$

二、计算题

1. 求下列函数的一阶导数

(1) $y=\sqrt{x}\log_3 x+2^x\ln x$　　(2) $y=\frac{\arctan x}{\sqrt{x}}$

(3) $y=\ln\tan x+\ln 10$　　(4) $y=\sin e^x+e^{\cos x}$

(5) $y=(1+x^2)^{100}$

2. 求下列极限

(1) $\lim\limits_{x\to 0}\frac{e^x-1}{x^2-x}$　　(2) $\lim\limits_{x\to 0^+}\frac{\cot x}{\ln x}$

(3) $\lim\limits_{x\to 0}\left(\frac{1}{x}-\frac{\tan x}{x^2}\right)$　　(4) $\lim\limits_{x\to\infty}x^2\left(1-\cos\frac{1}{x}\right)$

(5) $\lim\limits_{x\to 0}\frac{e^x-e^{-x}-2x}{x-\sin x}$

三、应用题

1. 求函数 $y=x-\ln(1+x)$ 的单调区间和极值.

2. 设扇形的圆心角 $\alpha=60^\circ$，半径 $R=100$ 厘米. 如果 R 不变，α 减少 $30'$，问扇形的面积大约改变多少？又如果 α 不变，R 增加 1 厘米，问扇形的面积大约改变多少？

3. 用铝板(不考虑厚度)制作一个容积为 1000 立方米的圆柱形封闭油罐，底面半径为 r，高为 h. 问 r 为何值时，所用铝板最少？此时高 h 与半径 r 的比值为多少？

4. 有甲、乙两城，甲城位于一直线形的河岸，乙城离岸 40 千米，乙城到岸的垂足与甲城相距 50 千米. 两城在此河边合设一水厂取水，从水厂到甲城和乙城之水管费用分别为每千米 500 元和 700 元，问此水厂应设在河边何处，才能使水管费用最省？

5. 设某厂生产某中产品的固定成本为 200(百元)，每生产一个单位商品，成本增加 5(百元)，且已知需求函数 $Q=100-2p$(其中 p 为价格，Q 为产量)，这种商品在市场上是畅销的.

(1) 试分别列出该商品的总成本函数 $C(Q)$ 和总收益函数 $R(Q)$ 的表达式；

(2) 求出使该商品的总利润最大的产量；

(3) 求最大利润.

第 4 章　一元函数积分学

本章中我们将解决由计算曲边梯形面积引出的求和式极限的问题，同时学习掌握几种已知导数求原函数的计算方法，并通过实例来揭示算法与具体问题之间的内在联系. 这就是我们要讨论的积分学.

4.1　定积分的概念与性质

4.1.1　引例　曲边梯形的面积

在初等数学中，我们会计算矩形、梯形和三角形等基本的图形面积，如果是任意曲线所围成的平面图形的面积，就不会计算了. 为了解决这个问题，我们先讨论曲边梯形的面积.

定义 4.1　由连续曲线 $y=f(x)\geqslant 0$，直线 $x=a$，$x-b$ $(a<b)$ 和 $y=0$(即 x 轴) 所围成的平面图形 $aABb$ 称为曲边梯形，如图 4-1 所示.

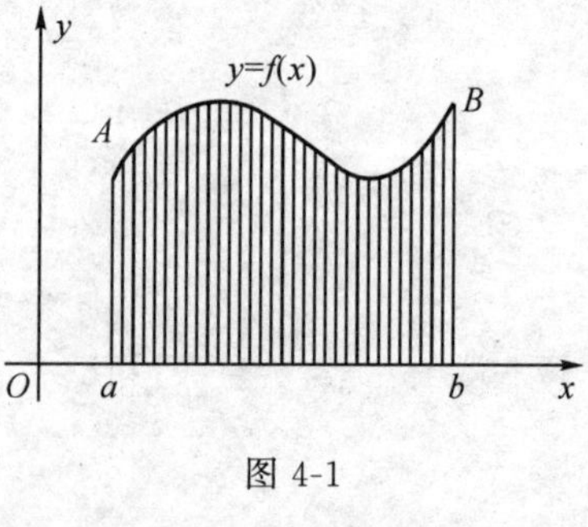

图 4-1

如何求曲边梯形 $aABb$ 的面积呢？在微积分中，其思路是：在 $[a,b]$ 内添加若干分点，过分点作 x 轴的垂线，这样就将曲边梯形 $aABb$ 划分成多个小曲边梯形，每个小曲边梯形可用一个小矩形作近似代替，而矩形的面积是容易计算的. 我们就以所有这些小矩形面积之和作为曲边梯形面积的近似值，再把曲边梯形无限细分下去，使得每个小曲边梯形的底边长都趋于零，此时所有的小矩形面积之和的极限就是曲边梯形的面积.

具体步骤：

(1) 分割：用分点 $a = x_0 < x_1 < x_2 < \cdots < x_{n-1} < x_n = b$ 将区间 $[a,b]$ 任意分成 n 个小区间 $[x_0,x_1],[x_1,x_2],\cdots,[x_{n-1},x_n]$. 这些小区间的长度为 $\Delta x_i = x_i - x_{i-1}(i = 1,2,\cdots,n)$. 经过每一个分点 $x_i(i = 1,2,\cdots,n)$ 作 x 轴的垂线，把曲边梯形 $AabB$ 划分成 n 个小曲边梯形（见图 4-2）. 用 S 表示曲边梯形 $AabB$ 的面积，ΔS_i 表示第 i 个小曲边梯形的面积，则有 $S = \sum_{i=1}^{n} \Delta S_i$.

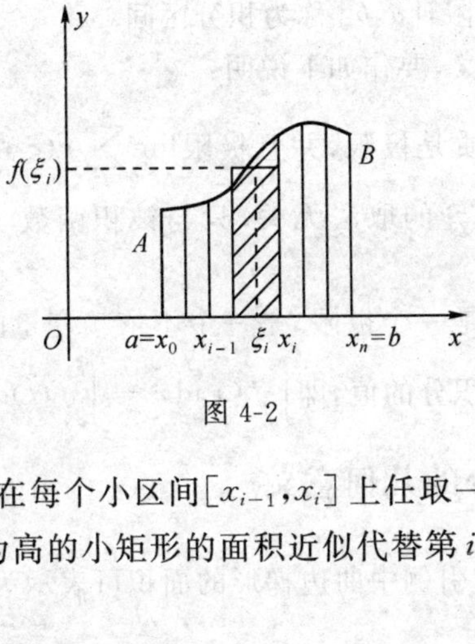

图 4-2

(2) 作近似代替：在每个小区间 $[x_{i-1},x_i]$ 上任取一点 $\xi_i(i = 1,2,\cdots,n)$，用以 Δx_i 为底，$f(\xi_i)$ 为高的小矩形的面积近似代替第 i 个小曲边梯形的面积，即 $\Delta S_i \approx f(\xi_i)\Delta x_i$.

(3) 求和：$S = \sum_{i=1}^{n} \Delta S_i \approx \sum_{i=1}^{n} f(\xi_i)\Delta x_i$.

(4) 取极限：令 $\lambda = \max_{1 \leqslant i \leqslant n}\{\Delta x_i\}$，它表示所有小区间长度的最大值，当分点数 n 无限增大，且 $\lambda \to 0$ 时取上述和式的极限，如果极限存在，则曲边梯形 $AabB$ 的面积为

$$S = \lim_{\lambda \to 0} \sum_{i=1}^{n} f(\xi_i)\Delta x_i$$

4.1.2　定积分的定义

定义 4.2　设 $y = f(x)$ 是定义在区间 $[a,b]$ 上的函数，用分点 $a = x_0 <$

$x_1 < x_2 < \cdots < x_{n-1} < x_n = b$ 将 $[a,b]$ 任意分成 n 个小区间 $[x_{i-1}, x_i]$，计其长度为 $\Delta x_i = x_i - x_{i-1}(i = 1,2,\cdots,n)$，在每个小区间上任取一点 $\xi_i \in [x_{i-1}, x_i]$，作出和式

$$\sum_{i=1}^{n} f(\xi_i)\Delta x_i$$

记 $\lambda = \max\limits_{1\leqslant i\leqslant n}\{\Delta x_i\}$，如果极限 $\lim\limits_{\lambda\to 0}\sum\limits_{i=1}^{n} f(\xi_i)\Delta x_i$ 存在，则称 $f(x)$ 在 $[a,b]$ 上可积，极限值称为 $f(x)$ 在 $[a,b]$ 上的定积分，记作 $\int_a^b f(x)\mathrm{d}x$，即

$$\int_a^b f(x)\mathrm{d}x = \lim_{\lambda\to 0}\sum_{i=1}^{n} f(\xi_i)\Delta x_i$$

其中 $f(x)$ 称为被积函数，$f(x)\mathrm{d}x$ 称为被积表达式，x 称为积分变量，a 称为积分下限，b 称为积分上限，$[a,b]$ 称为积分区间.

关于定积分的定义，要作如下说明：

(1) 定积分的实质是极限，并且极限 $\lim\limits_{\lambda\to 0}\sum\limits_{i=1}^{n} f(\xi_i)\Delta x_i$ 的存在与否跟区间 $[a,b]$ 上的分割方法、ξ_i 的取法无关，只与被积函数 $f(x)$ 和积分区间 $[a,b]$ 有关.

(2) 因为定积分是一个极限，是一个不依赖变量的常数，因此，积分变量记号的更改不影响定积分的值，即 $\int_a^b f(x)\mathrm{d}x = \int_a^b f(t)\mathrm{d}t$.

4.1.3 定积分的几何意义

由定积分的定义，引例中曲边梯形的面积可表示为 $S = \int_a^b f(x)\mathrm{d}x$.

那么定积分 $\int_a^b f(x)\mathrm{d}x$ 是否就是指曲线 $y = f(x)$，直线 $x = a$，$x = b(a < b)$ 和 x 轴所围成的曲边梯形面积？下面我们分三种情况讨论：

情况 1 在 $[a,b]$ 上 $y = f(x) \geqslant 0$ 时

此时定积分 $\int_a^b f(x)\mathrm{d}x$ 就是指由曲线 $y = f(x)$，直线 $x = a$，$x = b$，和 x 轴所围成的图形面积如图 4-3，即

$$S = \int_a^b f(x)\mathrm{d}x$$

情况 2 在 $[a,b]$ 上 $y = f(x) < 0$ 时

定积分 $\int_a^b f(x)\mathrm{d}x$ 从极限定义上来看是负的，所以所围图形面积

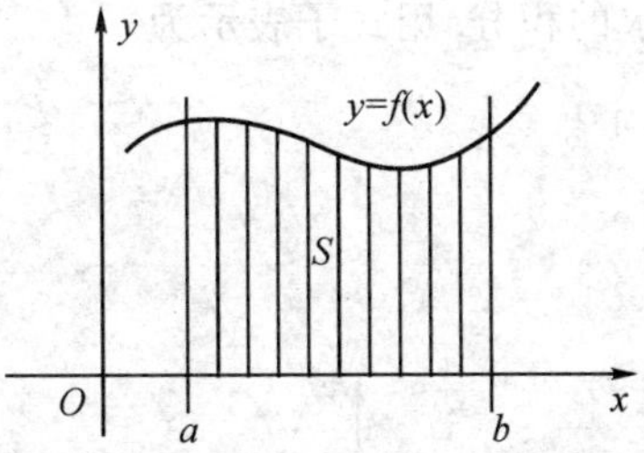

图 4-3

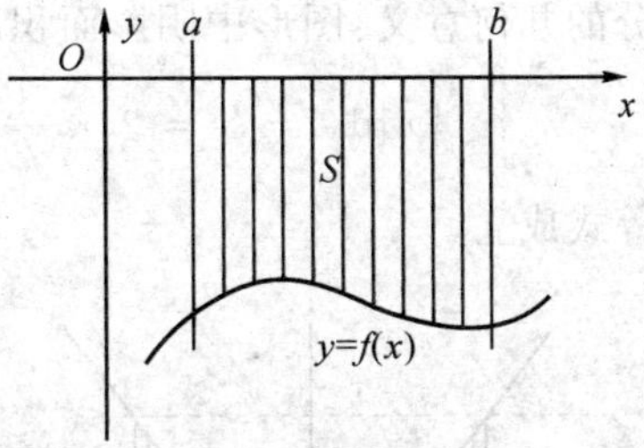

图 4-4

$$S = -\int_a^b f(x)\mathrm{d}x$$

此时定积分仅在数值上等于面积,符号相反(如图 4-4).

情况 3　在$[a,b]$上 $y=f(x)$ 位于 x 轴两侧

这时所围总面积可以看成两部分的和,利用上面两种情况的结论,得

$$S = S_1 + S_2 = \int_a^c f(x)\mathrm{d}x - \int_c^b f(x)\mathrm{d}x$$

此时定积分$\int_a^b f(x)\mathrm{d}x$ 与面积 S 无关(如图 4-5).

通过定积分与面积的关系可以来求解一些几何图形明确的函数定积分.

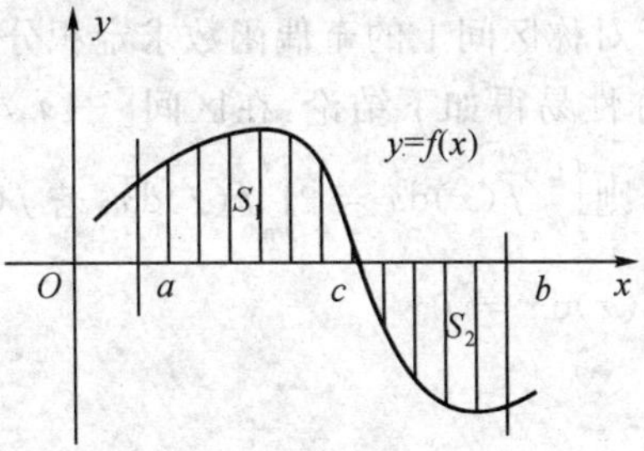

图 4-5

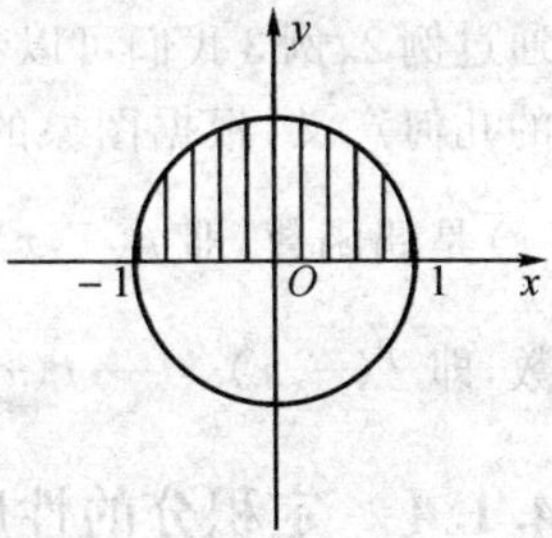

图 4-6

例 1　用定积分的几何意义计算$\int_{-1}^{1}\sqrt{1-x^2}\mathrm{d}x$.

解　如图 4-6,方程 $y=\sqrt{1-x^2}$ 的图形为一单位圆(半径为 1)位于 x 轴上方的部分,此时定积分就是阴影部分的面积,故

$$\int_{-1}^{1}\sqrt{1-x^2}\mathrm{d}x = S = \frac{\pi}{2}$$

例 2　用定积分的几何意义说明等式$\int_{-1}^{1}|x|\mathrm{d}x = 1$ 成立.

解　如图 4-7,被积函数 $|x|$ 在$[-1,1]$上为偶函数,关于 y 轴对称.根据定

积分的几何意义:图形中阴影面积即为要求的积分.用式子表示为

$$\int_{-1}^{1}|x|\mathrm{d}x=S=2\times\frac{1}{2}\times 1=1$$

故等式成立.

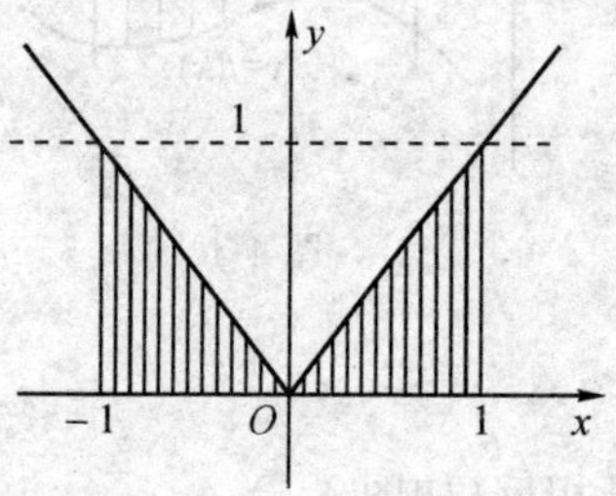

图 4-7

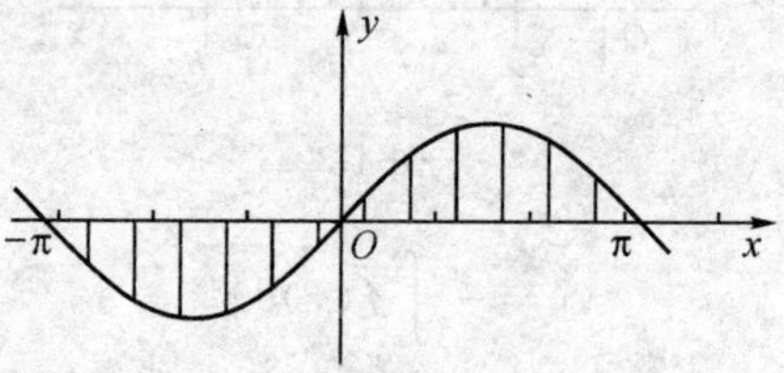

图 4-8

例 3 用定积分的几何意义说明等式$\int_{-\pi}^{\pi}\sin x\mathrm{d}x=0$成立.

解 如图 4-8,被积函数 $\sin x$ 在$[-\pi,\pi]$上为奇函数,图像关于原点对称.根据定积分的几何意义,$\int_{-\pi}^{0}\sin x\mathrm{d}x=-\int_{0}^{\pi}\sin x\mathrm{d}x$,因此$\int_{-\pi}^{\pi}\sin x\mathrm{d}x=0$成立.

通过例 2、例 3 我们可以看到,对于对称区间上的奇偶函数求定积分,按定积分的几何意义,根据图象的几何对称性易得如下结论:在区间$[-a,a]$上,若$f(x)$是偶函数,即$f(-x)=f(x)$,则$\int_{-a}^{a}f(x)\mathrm{d}x=2\int_{0}^{a}f(x)\mathrm{d}x$.若$f(x)$是奇函数,即$f(-x)=-f(x)$,则$\int_{-a}^{a}f(x)\mathrm{d}x=0$.

4.1.4 定积分的性质

下面各性质中的函数都假定是可积的.

性质 1 两个函数和(或差)的定积分等于它们定积分的和(或差),即

$$\int_{a}^{b}[f(x)\pm g(x)]\mathrm{d}x=\int_{a}^{b}f(x)\mathrm{d}x\pm\int_{a}^{b}g(x)\mathrm{d}x$$

性质 2 被积函数的常数因子可以提到积分号外面,即

$$\int_{a}^{b}kf(x)\mathrm{d}x=k\int_{a}^{b}f(x)\mathrm{d}x \quad (k\text{ 为非零常数})$$

性质 3 若积分上下限交换位置则符号改变,即

$$\int_{b}^{a}f(x)\mathrm{d}x=-\int_{a}^{b}f(x)\mathrm{d}x$$

由此等式还可进一步推出$\int_a^a f(x)\mathrm{d}x = 0$

性质 4　如果积分区间$[a,b]$被点c分成两个区间$[a,c]$和$[c,b]$，则

$$\int_a^b f(x)\mathrm{d}x = \int_a^c f(x)\mathrm{d}x + \int_c^b f(x)\mathrm{d}x$$

性质 4 中的点c在$[a,b]$之外时，其结论仍成立. 事实上，当$a < b < c$，由于

$$\int_a^c f(x)\mathrm{d}x = \int_a^b f(x)\mathrm{d}x + \int_b^c f(x)\mathrm{d}x$$

于是得

$$\int_a^b f(x)\mathrm{d}x = \int_a^c f(x)\mathrm{d}x - \int_b^c f(x)\mathrm{d}x = \int_a^c f(x)\mathrm{d}x + \int_c^b f(x)\mathrm{d}x$$

上式应用了性质 3，同理当$c < a < b$时，证法类似.

性质 5　如果在区间$[a,b]$上$f(x) \leqslant g(x)$，则有

$$\int_a^b f(x)\mathrm{d}x \leqslant \int_a^b g(x)\mathrm{d}x$$

推论　$\left|\int_a^b f(x)\mathrm{d}x\right| \leqslant \int_a^b |f(x)|\mathrm{d}x$

性质 6　设M及m是函数$f(x)$在区间$[a,b]$上的最大值及最小值，则

$$m(b-a) \leqslant \int_a^b f(x)\mathrm{d}x \leqslant M(b-a) \quad (a < b)$$

通过性质 6，可以证明$[a,b]$上的连续函数在$[a,b]$上一定可积.

例 3　比较下列积分的大小.

(1)$\int_1^2 \ln x\mathrm{d}x$，$\int_1^2 \ln^2 x\mathrm{d}x$

(2)$\int_0^1 \mathrm{e}^x\mathrm{d}x$，$\int_0^1 \mathrm{e}^{x^2}\mathrm{d}x$

解　(1) 在区间$[1,2]$上，因$0 \leqslant \ln x < 1$，所以$\ln x \geqslant \ln^2 x$. 利用性质 5 得

$$\int_1^2 \ln x\mathrm{d}x \geqslant \int_1^2 \ln^2 x\mathrm{d}x$$

(2) 在区间$[0,1]$上，因$x \geqslant x^2$，而e^x是增函数，即$\mathrm{e}^x \geqslant \mathrm{e}^{x^2}$，利用性质 5 得

$$\int_0^1 \mathrm{e}^x\mathrm{d}x \geqslant \int_0^1 \mathrm{e}^{x^2}\mathrm{d}x$$

例 4　估计定积分$I = \int_1^3 (x^2+1)\mathrm{d}x$的值.

解　此定积分的值现在我们尚算不出来，但用性质 6 可估计积分值所在范围. 在区间$[1,3]$上，函数$f(x) = x^2 + 1$单调增加，于是$f(x)$在此区间上

的最大值为 $f(3)=10$；最小值 $f(1)=2$. 所以，有 $\int_1^3 2\mathrm{d}x \leqslant \int_1^3 (x^2+1)\mathrm{d}x \leqslant \int_1^3 10\mathrm{d}x$，即 $2(3-1) \leqslant \int_1^3 (x^2+1)\mathrm{d}x \leqslant 10(3-1)$，积分值在 4 到 20 之间.

常见错误：

1. 对于性质 4：$\int_a^b f(x)\mathrm{d}x = \int_a^c f(x)\mathrm{d}x + \int_c^b f(x)\mathrm{d}x$，认为点 c 一定在 $[a,b]$ 之间，不能在 $[a,b]$ 之外.

如：认为 $\int_3^5 f(x)\mathrm{d}x = \int_3^7 f(x)\mathrm{d}x + \int_7^5 f(x)\mathrm{d}x$ 没有意义.

2. 不论 $f(x)$ 在哪个范围取值，总认为 $f(x) \leqslant f^2(x)$.

如：比较积分 $\int_1^2 \ln x\mathrm{d}x$，$\int_1^2 \ln^2 x\mathrm{d}x$ 的大小.

错误解法：在区间 $[1,2]$ 上，$\ln x \leqslant \ln^2 x$，故 $\int_1^2 \ln x\mathrm{d}x \leqslant \int_1^2 \ln^2 x\mathrm{d}x$.

正确解法：在区间 $[1,2]$ 上，因 $0 \leqslant \ln x < 1$，所以 $\ln x \geqslant \ln^2 x$，故 $\int_1^2 \ln x\mathrm{d}x \geqslant \int_1^2 \ln^2 x\mathrm{d}x$.

习题 4.1

1. 用几何图形说明下列各式对否.

(1) $\int_0^\pi \sin x\mathrm{d}x > 0$　　(2) $\int_0^\pi \cos x\mathrm{d}x > 0$

(3) $\int_0^1 x\mathrm{d}x = \frac{1}{2}$　　(4) $\int_0^a \sqrt{a^2-x^2}\mathrm{d}x = \frac{\pi}{4}a^2$

2. 利用定积分的几何意义求下列定积分的值.

(1) $\int_{-1}^1 \sqrt{1-x^2}\mathrm{d}x$　　(2) $\int_0^1 3x\mathrm{d}x$

(3) $\int_{-1}^1 x\mathrm{d}x$　　(4) $\int_{-\pi}^\pi \sin x\mathrm{d}x$

3. 利用定积分的性质，判别下列各式对否.

(1) $\int_0^1 x\mathrm{d}x \leqslant \int_0^1 x^2\mathrm{d}x$　　(2) $\int_0^{\frac{\pi}{2}} x\mathrm{d}x \leqslant \int_0^{\frac{\pi}{2}} \sin x\mathrm{d}x$

(3) $\int_3^4 \ln x\mathrm{d}x \leqslant \int_3^4 \ln^2 x\mathrm{d}x$　　(4) $\int_0^{\frac{\pi}{4}} \sin x\mathrm{d}x \leqslant \int_0^{\frac{\pi}{4}} \cos x\mathrm{d}x$

4. 估计下列各积分值的范围.

(1) $\int_2^3 x^2 dx$　　(2) $\int_{-1}^1 e^{-x^2} dx$

(3) $\int_0^1 e^x dx$　　(4) $\int_1^5 \ln x dx$

(5) $\int_0^1 x e^x dx$　　(6) $\int_0^1 (2x^3 - x^4) dx$

4.2　定积分的计算方法

4.2.1　牛顿 — 莱布尼兹公式

对于定积分 $\int_a^b f(x)dx$ 的计算，数学家牛顿与莱布尼兹几乎于同一个时期推导出了计算公式：若函数 $f(x)$ 在区间 $[a,b]$ 上连续，则

$$\int_a^b f(x)dx = F(x)|_a^b = F(b) - F(a)$$

其中 $F'(x) = f(x)$，并称 $F(x)$ 为 $f(x)$ 的原函数.

为了纪念这两位数学家对此作出的突出贡献，这个定积分运算公式也被称为牛顿 — 莱布尼兹公式.

例 1　求 $\int_0^1 x^2 dx$

解　因为 $(\frac{1}{3}x^3)' = x^2$，根据牛顿 — 莱布尼兹公式得：

$$\int_0^1 x^2 dx = \frac{1}{3}x^3\Big|_0^1 = \frac{1}{3} - 0 = \frac{1}{3}$$

通过上例我们看到要使用牛顿 — 莱布尼兹公式计算定积分，能否求出被积函数的原函数就成了求解的关键. 事实上，我们在之前已经学习了函数求导（微分）的运算，而求原函数恰好是求导（微分）的逆过程. 对一个可以求定积分的函数而言，它的原函数是无穷多个的. 例如 $(\sin x)' = \cos x$，$(\sin x + 1)' = \cos x$，…，$(\sin x + C)' = \cos x$，即 $\sin x + C$（C 为任意常数）都是 $\cos x$ 的原函数. 所以 $\cos x$ 的所有原函数可以用 $\sin x + C$（C 为任意常数）来表示.

数学上将求已知函数所有原函数的运算称为不定积分，记为

$$\int f(x)dx = F(x) + C$$

其中 $F'(x) = f(x)$，C 为任意常数，$\int$ 符号为积分号，$f(x)$ 称为被积函数，

$f(x)\mathrm{d}x$ 称为积分表达式，x 称为积分变量.

据此，我们可以给出基本积分表：

1. $\int 0\mathrm{d}x = C$

2. $\int x^a\mathrm{d}x = \frac{1}{a+1}x^{a+1} + C \quad (a \neq 1)$

3. $\int \frac{1}{x}\mathrm{d}x = \ln|x| + C$

4. $\int a^x\mathrm{d}x = \frac{a^x}{\ln a} + C \quad (a > 0 \text{ 且 } a \neq 1)$

5. $\int \mathrm{e}^x\mathrm{d}x = \mathrm{e}^x + C$

6. $\int \sin x\mathrm{d}x = -\cos x + C$

7. $\int \cos\mathrm{d}x = \sin x + C$

8. $\int \sec^2 x\mathrm{d}x = \int \frac{1}{\cos^2 x}\mathrm{d}x = \tan x + C$

9. $\int \csc^2 x\mathrm{d}x = \int \frac{1}{\sin^2 x}\mathrm{d}x = -\cot x + C$

10. $\int \sec x\tan x\mathrm{d}x = \sec x + C$

11. $\int \csc x\cot x\mathrm{d}x = -\csc x + C$

12. $\int \frac{1}{\sqrt{1-x^2}}\mathrm{d}x = \arcsin x + C = -\arccos x + C$

13. $\int \frac{1}{1+x^2}\mathrm{d}x = \arctan x + C = -\operatorname{arccot} x + C$

求不定积分与求导(微分)是互逆的运算，不定积分有如下两个性质：

性质 1 $\frac{\mathrm{d}}{\mathrm{d}x}\left[\int f(x)\mathrm{d}x\right] = f(x)$ 或 $\mathrm{d}\left[\int f(x)\mathrm{d}x\right] = f(x)\mathrm{d}x$

性质 2 $\int F'(x)\mathrm{d}x = F(x) + C$ 或 $\int \mathrm{d}F(x) = F(x) + C$

对于第一个性质，是函数 $f(x)$ 先求不定积分再求导，因为过程互逆，所以结果就是被积函数 $f(x)$；对于第二个性质，是函数 $F(x)$ 先进行微分运算，再进行不定积分运算，不定积分求得的是所有的原函数，所以结果必须加上一个任意常数 C.

事实上，求定积分只要找到一个原函数就够了，但是利用基本积分表和积分的性质能直接求得原函数的情况是非常有限的. 例如 $\int \sin\frac{x}{2}\mathrm{d}x$ 就无法由积分表直接得到.为此,在后面将介绍几种常见的积分方法.

例 2 $\int_1^e\left(\frac{1}{x}-2^x\right)dx$

解 原式$=\int_1^e\frac{1}{x}dx-\int_1^e 2^x dx=\ln|x|\Big|_1^e-\frac{2^x}{\ln 2}\Big|_1^e$

$=(\ln|e|-\ln|1|)-\frac{1}{\ln 2}(2^e-2^1)=1-\frac{1}{\ln 2}(2^e-2)$

例 3 $\int_0^\pi 4\sin\frac{x}{2}\cos\frac{x}{2}dx$

解 原式$=\int_0^\pi 2\sin x dx=2\int_0^\pi\sin x dx=2(-\cos x)|_0^\pi$

$=2(-\cos\pi+\cos 0)=4$

例 4 $\int_{-1}^1|x|dx$

解 之前我们利用定积分的几何意义求得此积分值为 1,下面我们利用牛顿—莱布尼兹公式来进行计算:

因为 $|x|=\begin{cases}x, & x\geqslant 0\\ -x, & x<0\end{cases}$,利用性质 3,若函数在积分区间上的表达式不同,则需要分段积分求和.所以

$$原式=\int_{-1}^0(-x)dx+\int_0^1 x dx=-\frac{1}{2}x^2|_{-1}^0+\frac{1}{2}x^2|_0^1=1$$

例 5 $\int_0^\pi\cos^2\frac{x}{2}dx$

解 原式$=\int_0^\pi\frac{1+\cos x}{2}dx=\left(\frac{x}{2}+\frac{1}{2}\sin x\right)\Big|_0^\pi$

$=\left(\frac{\pi}{2}+\frac{1}{2}\sin\pi\right)-(0+0)=\frac{\pi}{2}$

例 6 $\int_4^9\sqrt{x}(1+2\sqrt{x})dx$

解 原式$=\int_4^9\left(x^{\frac{1}{2}}+2x\right)dx=\left(\frac{2}{3}x^{\frac{3}{2}}+x^2\right)\Big|_4^9$

$=\left(\frac{2}{3}\cdot 3^3+9^2\right)-\left(\frac{2}{3}\cdot 2^3+4^2\right)=\frac{233}{3}$

例 7 $\int_0^{\frac{\pi}{4}}\tan^2\theta d\theta$

解 原式$=\int_0^{\frac{\pi}{4}}(\sec^2\theta-1)d\theta=(\tan\theta-\theta)|_0^{\frac{\pi}{4}}$

$=\left(\tan\frac{\pi}{4}-\frac{\pi}{4}\right)-(\tan 0-0)=1-\frac{\pi}{4}$

例 8 $\int_0^1 \frac{x^4}{1+x^2}dx$

解 原式 $=\int_0^1 \frac{x^4-1+1}{1+x^2}dx=\int_0^1 \frac{(x^2+1)(x^2-1)+1}{x^2+1}dx$

$$=\int_0^1\left[(x^2-1)+\frac{1}{1+x^2}\right]dx=\left(\frac{x^3}{3}-x+\arctan x\right)\Big|_0^1$$

$$=\left(\frac{1}{3}-1+\arctan 1\right)-0=-\frac{2}{3}+\frac{\pi}{4}$$

例 9 $\int_{\frac{\pi}{4}}^{\frac{\pi}{3}} \frac{\cos 2x}{\sin^2 x\cos^2 x}dx$

解 原式 $=\int_{\frac{\pi}{4}}^{\frac{\pi}{3}} \frac{\cos^2 x-\sin^2 x}{\sin^2 x\cos^2 x}dx=\int_{\frac{\pi}{4}}^{\frac{\pi}{3}}\left(\frac{1}{\sin^2 x}-\frac{1}{\cos^2 x}\right)dx$

$$=\int_{\frac{\pi}{4}}^{\frac{\pi}{3}}(\csc^2 x-\sec^2 x)dx=(-\cot x-\tan x)\Big|_{\frac{\pi}{4}}^{\frac{\pi}{3}}$$

$$=\left(-\sqrt{3}-\frac{\sqrt{3}}{3}\right)-(-1-1)=2-\frac{4}{3}\sqrt{3}$$

例 10 $\int_0^1 2^x\cdot 3^x\cdot 4^x dx$

解 原式 $=\int_0^1(2\cdot 3\cdot 4)^x dx=\int_0^1 24^x dx=\frac{24^x}{\ln 24}\Big|_0^1=\frac{1}{\ln 24}(24^1-24^0)$

$$=\frac{23}{\ln 24}$$

常见错误：

1. 格式错误.

如：求 $\int_{-1}^2(2x+1)dx$

错误解法：(1) $\int_{-1}^2(2x+1)dx=\int_{-1}^2(x^2+x)dx=(x^2+x)|_{-1}^2$

$$=(4+2)-(1-1)=6$$

(2) $\int_{-1}^2(2x+1)dx=\int_{-1}^2(x^2+x)=(x^2+x)|_{-1}^2$

$$=(4+2)-(1-1)=6$$

(3) $\int_{-1}^2(2x+1)dx=x^2+x|_{-1}^2=(4+2)-(1-1)=6$

(4) $\int_{-1}^2(2x+1)dx=(x^2+x)|_{-1}^2=4+2-1-1=4$

正确解法：$\int_{-1}^2(2x+1)dx=(x^2+x)|_{-1}^2=(4+2)-(1-1)=6$

2. 涉及分段函数或绝对值函数时，没有分区间积分.

如：求设函数 $f(x)=\begin{cases} x+1, & 0\leqslant x\leqslant 1 \\ \frac{1}{2}x^2, & 1<x\leqslant 2 \end{cases}$，求 $\int_0^2 f(x)\mathrm{d}x$.

错误解法：$\int_0^2 f(x)\mathrm{d}x=\int_0^2 (x+1)\mathrm{d}x=\cdots$，

或者 $\int_0^2 f(x)\mathrm{d}x=\int_0^2 \frac{1}{2}x^2\mathrm{d}x=\cdots$

正确解法：$\int_0^2 f(x)\mathrm{d}x=\int_0^1 (x+1)\mathrm{d}x+\int_1^2 \frac{1}{2}x^2\mathrm{d}x=\cdots$

习题 4.2.1

1. 填空题.

(1) 设 $f(x)=\sin x+\cos x$，则 $\int f'(x)\mathrm{d}x=$ ________，$\int f(x)\mathrm{d}x=$ ________.

(2) 设 $\int f(x)\mathrm{d}x=\mathrm{e}^x(x^2-2x+2)+C$，则 $f(x)=$ ________.

(3) 设 e^{-x} 是 $f(x)$ 的一个原函数，则 $\int f(x)\mathrm{d}x=$ ________，$\int f'(x)\mathrm{d}x=$ ________，$\int \mathrm{e}^x f'(x)\mathrm{d}x=$ ________.

2. 单项选择题.

(1) 设 C 是不为 1 的常数，则函数 $f(x)=\frac{1}{x}$ 的原函数不是　(　　)

A. $\ln|x|$　B. $\ln|x|+C$　C. $\ln|Cx|$　D. $C\ln|x|$

(2) 设 $f(x)$ 的一个原函数为 $\ln x$，则 $f'(x)$ 等于　(　　)

A. $\frac{1}{x}$　B. $-\frac{1}{x^2}$　C. $x\ln x$　D. e^x

(3) $\int f(x)\mathrm{d}x$ 指的是 $f(x)$ 的　(　　)

A. 某一个原函数　B. 所有原函数

C. 唯一的原函数　D. 任意一个原函数

(4) 如果函数 $F(x)$ 是函数 $f(x)$ 的一个原函数，则　(　　)

A. $\int F(x)\mathrm{d}x=f(x)+C$　B. $\int F'(x)\mathrm{d}x=f(x)+C$

C. $\int f(x)\mathrm{d}x=F(x)+C$　D. $\int f'(x)\mathrm{d}x=F(x)+C$

3. 设函数 $f(x)=\begin{cases}1+x^2, & 0\leqslant x\leqslant 1\\ 2-x, & 1<x\leqslant 2\end{cases}$，求 $\int_0^2 f(x)\mathrm{d}x$.

4. 求下列定积分的值.

(1) $\int_{-1}^{2}(2x+1)\mathrm{d}x$　　(2) $\int_0^{2\pi}|\sin x|\mathrm{d}x$

(3) $\int_{-1}^{1}(x^3+x+1)\mathrm{d}x$　　(4) $\int_0^1(2^x+x^2)\mathrm{d}x$

(5) $\int_4^9\sqrt{x}(1+\sqrt{x})\mathrm{d}x$　　(6) $\int_0^2 x|x-1|\mathrm{d}x$

(7) $\int_1^2\frac{x^2}{1+x^2}\mathrm{d}x$　　(8) $\int_1^2(x^2-1)\frac{1}{\sqrt{x}}\mathrm{d}x$

(9) $\int_0^{\pi}\sin^2\frac{x}{2}\mathrm{d}x$　　(10) $\int_{\frac{\pi}{4}}^{\frac{\pi}{2}}\cot^2\theta\mathrm{d}\theta$

(11) $\int_1^2\frac{1}{x^2(1+x^2)}\mathrm{d}x$　　(12) $\int_0^{\frac{\pi}{2}}\frac{\cos 2x}{\sin x-\cos x}\mathrm{d}x$

(13) $\int_0^1\frac{\mathrm{e}^{2x}-1}{\mathrm{e}^x+1}\mathrm{d}x$　　(14) $\int_0^{\frac{\pi}{2}}\frac{\sin 2x}{\sin x}\mathrm{d}x$

(15) $\int_{\frac{\pi}{4}}^{\frac{\pi}{2}}\csc x(\cot x-\csc x)\mathrm{d}x$　　(16) $\int_0^1\frac{3\cdot 2^x+2\cdot 3^x}{4^x}\mathrm{d}x$

4.2.2　换元积分法

用直接积分法所能计算出来的定积分是十分有限的，因此有必要进一步研究积分的方法. 本节把复合函数的微分法反过来用于求积分，利用中间变量的代换，得到复合函数的积分法，称为换元积分法，简称换元法. 换元法通常分成两类，本节只讲解第一类换元法.

先从不定积分的角度来描述第一类换元法：

先看一个简单的例子：求 $\int\cos 3x\mathrm{d}x$.

在基本积分公式中有 $\int\cos x\mathrm{d}x=\sin x+C$，但这里不能直接应用，因为被积函数 $\cos 3x$ 是一个复合函数，为了套用这个积分公式，先把原积分作如下变形，然后进行计算.

$$\int\cos 3x\mathrm{d}x=\frac{1}{3}\int\cos 3x\mathrm{d}(3x)\xlongequal{\text{令 } 3x=u}\frac{1}{3}\int\cos u\mathrm{d}u=\frac{1}{3}\sin u+C$$

$$\xlongequal{\text{回代 } u=3x}\frac{1}{3}\sin 3x+C$$

容易验证：$(\frac{1}{3}\sin 3x + C)' = \cos 3x$，所以以上算法是正确的.

这种积分的基本思想是先凑微分式，再作变量代换 $u=\varphi(x)$，把要计算的积分化为基本积分公式中所具有的形式，求出原函数后再换回原来变量，这种积分法通常称为第一换元法或凑微分法.

一般地，被积函数若具有 $f(\varphi(x))\varphi'(x)$ 形式，则可用第一换元积分法（凑微分法）.

定理 4.1　设函数 $u=\varphi(x)$ 可导，若

$$\int f(u)\mathrm{d}u = F(u) + C$$

则

$$\int f(\varphi(x))\varphi'(x)\mathrm{d}x = \int f(\varphi(x))\mathrm{d}\varphi(x)$$

$$\underline{\underline{令\ \varphi(x)=u}}\ \int f(u)\mathrm{d}u = F(u) + C$$

$$\underline{\underline{回代\ u=\varphi(x)}}\ \ F(\varphi(x)) + C$$

例 1　求不定积分$\int \cos 5x\mathrm{d}x$

解法一　令 $u=5x$，则 $\mathrm{d}u = 5\mathrm{d}x$，　$\mathrm{d}x = \frac{1}{5}\mathrm{d}u$，所以

$$\int \cos 5x\mathrm{d}x = \int \cos u\,\frac{1}{5}\mathrm{d}u = \frac{1}{5}\int \cos u\mathrm{d}u = \frac{1}{5}\sin u + C = \frac{1}{5}\sin 5x + C$$

解法二

$$\int \cos 5x\mathrm{d}x = \frac{1}{5}\int \cos 5x\mathrm{d}5x\ \underline{\underline{令\ 5x=u}}\ \frac{1}{5}\int \cos u\mathrm{d}u = \frac{1}{5}\sin u + C$$

$$\underline{\underline{回代\ u=5x}}\ \frac{1}{5}\sin 5x + C$$

例 2　求$\int \frac{1}{x+2}\mathrm{d}x$

解法一　令 $u = x+2$，则 $\mathrm{d}x = \mathrm{d}u$，所以

$$\int \frac{1}{x+2}\mathrm{d}x = \int \frac{1}{u}\mathrm{d}u = \ln|u| + C = \ln|x+2| + C$$

解法二

$$\int \frac{1}{x+2}\mathrm{d}x = \int \frac{1}{x+2}\mathrm{d}(x+2)\ \underline{\underline{令\ x+2=u}}\ \int \frac{1}{u}\mathrm{d}u$$

$$= \ln|u| + c\ \underline{\underline{回代\ u=5x}}\ \ln|x+2| + C$$

例 3　求$\int \sin x\cos x\mathrm{d}x$

解法一　令 $u=\sin x$，则 $\mathrm{d}u = \cos x\mathrm{d}x$

$$原式 = \int u\mathrm{d}u = \frac{1}{2}u^2 + C = \frac{1}{2}\sin^2 x + C$$

解法二 原式 $=\int\frac{1}{2}\sin 2x\mathrm{d}x$，令 $u=2x$，则 $\mathrm{d}u=2\mathrm{d}x,\mathrm{d}x=\frac{1}{2}\mathrm{d}u$

$$原式=(\frac{1}{2})^2\int\sin u\mathrm{d}u=-\frac{1}{4}\cos u+\mathrm{C}=-\frac{1}{4}\cos 2x+\mathrm{C}$$

注：两种解法结果的形式不一样. 问其结果是否相同？

例 4 求 $\int\frac{1}{\sqrt{x}}2^{\sqrt{x}}\mathrm{d}x$

解 令 $u=\sqrt{x}$，则 $\mathrm{d}u=\frac{1}{2\sqrt{x}}\mathrm{d}x,\quad \frac{1}{\sqrt{x}}\mathrm{d}x=2\mathrm{d}u$

$$原式=2\int 2^u\mathrm{d}u=2\cdot\frac{1}{\ln 2}\cdot 2^u+C=\frac{2}{\ln 2}\cdot 2^{\sqrt{x}}+C$$

例 5 求 $\int x\sqrt{4+x^2}\mathrm{d}x$

解 令 $u=4+x^2$，则 $\mathrm{d}u=2x\mathrm{d}x,x\mathrm{d}x=\frac{1}{2}\mathrm{d}u$，于是

$$原式=\frac{1}{2}\int\sqrt{4+x^2}\mathrm{d}(4+x^2)=\frac{1}{2}\int u^{\frac{1}{2}}\mathrm{d}u=\frac{1}{2}\cdot\frac{2}{3}u^{\frac{3}{2}}+C$$
$$=\frac{1}{3}(4+x^2)^{\frac{3}{2}}+C$$

例 6 求 $\int\tan x\mathrm{d}x$

解 因为 $\tan x=\frac{\sin x}{\cos x}=-\frac{1}{\cos x}(\cos x)'$，所以令 $u=\cos x$，则 $\mathrm{d}u=-\sin x\mathrm{d}x$

$$原式=\int\frac{\sin x}{\cos x}\mathrm{d}x=-\int\frac{1}{\cos x}(-\sin x)dx=-\int\frac{1}{\cos x}\mathrm{d}(\cos x)$$
$$=-\int\frac{1}{u}\mathrm{d}u=-\ln|u|+C=-\ln|\cos x|+C$$

用同样的方法可得：$\int\cot x\mathrm{d}x=\ln|\sin x|+C$

提示：在对变量替换比较熟练之后，在解题时，设 u 的过程可以省略.

例 7 求 $\int\frac{4x+6}{x^2+3x-4}\mathrm{d}x$

解 注意到 $(x^2+3x-4)'=2x+3=\frac{1}{2}(4x+6)$，于是

$$原式=2\int\frac{2x+3}{x^2+3x-4}\mathrm{d}x=2\int\frac{1}{x^2+3x-4}\mathrm{d}(x^2+3x-4)$$
$$=2\ln|x^2+3x-4)+C$$

例 8 求 $\int\cos^2 x\mathrm{d}x$

解　因 $\cos^2 x = \frac{1+\cos 2x}{2}$，于是

$$原式 = \frac{1}{2}\int(1+\cos 2x)\mathrm{d}x = \frac{1}{2}x + \frac{1}{4}\int\cos 2x\mathrm{d}(2x)$$

$$= \frac{1}{2}x + \frac{1}{4}\sin 2x + C$$

一般地，如果所遇到的不定积分能化为下列形式之一时，就可以考虑到用换元积分法进行求解.

1. $\int f(ax+b)\mathrm{d}x = \frac{1}{a}\int f(u)\mathrm{d}u$，　$a \neq 0$，　其中 $u = ax+b$

2. $\int xf(ax^2+b)\mathrm{d}x = \frac{1}{2a}\int f(u)\mathrm{d}u$，　$a \neq 0$，其中 $u = ax^2+b$

3. $\int \frac{1}{\sqrt{x}}f(\sqrt{x})\mathrm{d}x = 2\int f(u)\mathrm{d}u$，　其中 $u = \sqrt{x}$

4. $\int \frac{1}{x}f(\ln x)\mathrm{d}x = \int f(u)\mathrm{d}u$，　其中 $u = \ln x$

5. $\int \mathrm{e}^x f(\mathrm{e}^x)\mathrm{d}x = \int f(u)\mathrm{d}u$，　其中 $u = \mathrm{e}^x$

6. $\int \cos x f(\sin x)\mathrm{d}x = \int f(u)\mathrm{d}u$，　其中 $u = \sin x$

7. $\int \sin x f(\cos x)\mathrm{d}x = -\int f(u)\mathrm{d}u$，　其中 $u = \cos x$

8. $\int \frac{1}{\sqrt{1-x^2}}f(\arcsin x)\mathrm{d}x = \int f(u)\mathrm{d}u$，　其中 $u = \arcsin x$

9. $\int \frac{1}{1+x^2}f(\arctan x)\mathrm{d}x = \int f(u)\mathrm{d}u$，　其中 $u = \arctan x$

10. $\int \frac{1}{x^2}f(\frac{1}{x})\mathrm{d}x = -\int f(u)\mathrm{d}u$，　其中 $u = \frac{1}{x}$

利用牛顿—莱布尼兹公式，可以将求定积分 $\int_a^b f(x)\mathrm{d}x$ 的过程分成两步进行：先求出被积函数 $f(x)$ 的一个原函数 $F(x)$，然后求定积分的值 $F(b)-F(a)$.

例 9　求 $\int_{-1}^{1}\mathrm{e}^{-x}\mathrm{d}x$

解　令 $u = -x$，则 $\mathrm{d}u = -\mathrm{d}x$；

因为　$\int \mathrm{e}^{-x}\mathrm{d}x = -\int \mathrm{e}^u\mathrm{d}u = -\mathrm{e}^u + C = -\mathrm{e}^{-x} + C$

所以　$\int_{-1}^{1}\mathrm{e}^{-x}\mathrm{d}x = -\mathrm{e}^{-x}\big|_{-1}^{1} = -(\mathrm{e}^{-1}-\mathrm{e}) = \mathrm{e} - \frac{1}{\mathrm{e}}$

例 10　求 $\int_1^{\mathrm{e}}\frac{\ln^3 x}{x}\mathrm{d}x$

解 令 $u=\ln x$，则 $\mathrm{d}u=\frac{1}{x}\mathrm{d}x$.

因为 $\int \frac{\ln^3 x}{x}\mathrm{d}x=\int u^3\mathrm{d}u=\frac{1}{4}u^4+C=\frac{1}{4}\ln^4 x+C$

所以 $\int_1^{\mathrm{e}} \frac{\ln^3 x}{x}\mathrm{d}x=\frac{1}{4}\ln^4 x\Big|_1^{\mathrm{e}}=\frac{1}{4}(1^4-0^4)=\frac{1}{4}$

例 11 求 $\int_2^3 \frac{1}{x^2}\mathrm{e}^{\frac{1}{x}}\mathrm{d}x$

解 解法一：令 $u=\frac{1}{x}$，则 $\mathrm{d}u=-\frac{1}{x^2}\mathrm{d}x$，于是

因为 $\int \frac{1}{x^2}\mathrm{e}^{\frac{1}{x}}\mathrm{d}x=-\int \mathrm{e}^u\mathrm{d}u=-\mathrm{e}^u+\mathrm{C}=-\mathrm{e}^{\frac{1}{x}}+\mathrm{C}$

所以 $\int_2^3 \frac{1}{x^2}\mathrm{e}^{\frac{1}{x}}\mathrm{d}x=-\mathrm{e}^{\frac{1}{x}}\Big|_2^3=-(\mathrm{e}^{\frac{1}{3}}-\mathrm{e}^{\frac{1}{2}})=\sqrt{\mathrm{e}}-\sqrt[3]{\mathrm{e}}$

在求不定积分时，有些求解过程还是很复杂，特别是有些变量回代过程很繁琐.定积分也可以用以下方法来求解：

解法二：令 $u=\frac{1}{x}$，则 $\mathrm{d}u=-\frac{1}{x^2}\mathrm{d}x$；当 $x=2$ 时，$u=\frac{1}{2}$；当 $x=3$ 时，$u=\frac{1}{3}$. 于是

原式 $=\int_{\frac{1}{2}}^{\frac{1}{3}}\mathrm{e}^u(-\mathrm{d}u)=-\mathrm{e}^u\Big|_{\frac{1}{2}}^{\frac{1}{3}}=-(\mathrm{e}^{\frac{1}{3}}-\mathrm{e}^{\frac{1}{2}})=\sqrt{\mathrm{e}}-\sqrt[3]{\mathrm{e}}$.

注：上例中，积分的上、下限已不再是 3 和 2，而是对应的 $\frac{1}{3}$ 和 $\frac{1}{2}$.

例 12 若 $f(x)$ 在 $[0,1]$ 上连续，证明 $\int_0^{\frac{\pi}{2}} f(\sin x)\mathrm{d}x=\int_0^{\frac{\pi}{2}} f(\cos x)\mathrm{d}x$.

证 设 $t=\frac{\pi}{2}-x$，则 $x=\frac{\pi}{2}-t$，$\mathrm{d}x=-\mathrm{d}t$. 当 $x=0$ 时，$t=\frac{\pi}{2}$；当 $x=\frac{\pi}{2}$ 时 $t=0$.

左边 $=\int_{\frac{\pi}{2}}^0 f\left[\sin(\frac{\pi}{2}-t)\right](-\mathrm{d}t)=\int_0^{\frac{\pi}{2}} f(\cos t)\mathrm{d}t=\int_0^{\frac{\pi}{2}} f(\cos x)\mathrm{d}x=$ 右边

常见错误：

1. 换元不彻底.

如：求不定积分 $\int \cos 5x\mathrm{d}x$.

错误解法：令 $u=5x$，所以 $\int \cos 5x\mathrm{d}x=\int \cos u\mathrm{d}x=\sin u+C=\sin 5x+C$

正确解法：令 $u = 5x$，则 $\mathrm{d}u = 5\mathrm{d}x, \mathrm{d}x = \frac{1}{5}\mathrm{d}u$，所以

$$\int \cos 5x \mathrm{d}x = \int \cos u \frac{1}{5} \mathrm{d}u = \frac{1}{5}\int \cos u \mathrm{d}u$$

$$= \frac{1}{5}\sin u + C = \frac{1}{5}\sin 5x + C$$

2. 凑微分时，积分变量弄错.

如：求 $\int \frac{x}{x^2+1}\mathrm{d}x$.

错误解法：$\int \frac{x}{x^2+1}\mathrm{d}x = \frac{1}{2}\int \frac{1}{x^2+1}\mathrm{d}(x^2+1) = \frac{1}{2}\arctan x + C$

正确解法：$\int \frac{x}{x^2+1}\mathrm{d}x = \frac{1}{2}\int \frac{1}{x^2+1}\mathrm{d}(x^2+1) = \frac{1}{2}\ln|x^2+1| + C$

3. 用换元法求定积分时，没有考虑积分区间的变换.

如：求 $\int_2^3 2x\mathrm{e}^{x^2}\mathrm{d}x$

错误解法：令 $u = x^2$，则 $\mathrm{d}u = 2x\mathrm{d}x$.

$$\text{原式} = \int_2^3 \mathrm{e}^u \mathrm{d}u = \mathrm{e}^u\big|_2^3 = \mathrm{e}^3 - \mathrm{e}^2$$

正确解法：令 $u = x^2$，则 $\mathrm{d}u = 2x\mathrm{d}x$；当 $x = 2$ 时，$u = 4$；当 $x = 3$ 时，$u = 9$.

$$\text{原式} = \int_4^9 \mathrm{e}^u \mathrm{d}u = \mathrm{e}^u\big|_4^9 = \mathrm{e}^9 - \mathrm{e}^4$$

4. 用换元法求定积分时，新变量的积分上下限与原积分变量的积分上下限不对应，总认为积分下限一定比积分上限小.

如：求 $\int_2^3 \frac{1}{x^2}\mathrm{e}^{\frac{1}{x}}\mathrm{d}x$.

错误解法：令 $u = \frac{1}{x}$，则 $\mathrm{d}u = -\frac{1}{x^2}\mathrm{d}x$；当 $x = 2$ 时，$u = \frac{1}{2}$；当 $x = 3$ 时，$u = \frac{1}{3}$.

$$\text{原式} = \int_{\frac{1}{3}}^{\frac{1}{2}} \mathrm{e}^u(-\mathrm{d}u) = -\mathrm{e}^u\Big|_{\frac{1}{3}}^{\frac{1}{2}} = -(\mathrm{e}^{\frac{1}{2}} - \mathrm{e}^{\frac{1}{3}}) = \sqrt[3]{\mathrm{e}} - \sqrt{\mathrm{e}}.$$

正确解法：令 $u = \frac{1}{x}$，则 $\mathrm{d}u = -\frac{1}{x^2}\mathrm{d}x$；当 $x = 2$ 时，$u = \frac{1}{2}$；当 $x = 3$ 时，$u = \frac{1}{3}$.

$$\text{原式} = \int_{\frac{1}{2}}^{\frac{1}{3}} \mathrm{e}^u(-\mathrm{d}u) = -\mathrm{e}^u\Big|_{\frac{1}{2}}^{\frac{1}{3}} = -(\mathrm{e}^{\frac{1}{3}} - \mathrm{e}^{\frac{1}{2}}) = \sqrt{\mathrm{e}} - \sqrt[3]{\mathrm{e}}.$$

习题 4.2.2

1. 求下列不定积分和对应的定积分.

(1) $\int \frac{1}{(2x+3)^2}dx$ $\int_0^1 \frac{1}{(2x+3)^2}dx$

(2) $\int \frac{1}{\sqrt{4x+3}}dx$ $\int_0^1 \frac{1}{\sqrt{4x+3}}dx$

(3) $\int \frac{x}{x^2+4}dx$ $\int_2^3 \frac{x}{x^2+4}dx$

2. 求下列不定积分.

(1) $\int \sin(5-4x)dx$ (2) $\int 10^{4x}dx$

(3) $\int \frac{e^x}{e^x+1}dx$ (4) $\int x\sqrt{4x^2-1}dx$

(5) $\int \frac{\ln^2 x}{x}dx$ (6) $\int \frac{1}{x\ln x}dx$

(7) $\int e^x \cos e^x dx$ (8) $\int \frac{1}{\sqrt{x}}e^{\sqrt{x}}dx$

(9) $\int x\cos x^2 dx$ (10) $\int \frac{1}{x^2}\sin\frac{1}{x}dx$

(11) $\int \cos^3 x\sin x dx$ (12) $\int \cos^3 x\sin^2 x dx$

(13) $\int \frac{1}{x(1+\ln^2 x)}dx$ (14) $\int \sin^4 x dx$

(15) $\int \frac{2}{\sqrt{1-4x^2}}dx$ (16) $\int \frac{1}{9-4x^2}dx$

(17) $\int \frac{e^{\arctan x}}{1+x^2}dx$ (18) $\int \frac{1}{\sqrt{1-x^2}}\cos(\arcsin x)dx$

3. 求下列定积分.

(1) $\int_0^2 \frac{x}{1+x^2}dx$ (2) $\int_0^{\frac{\pi}{2}} \sin^2\frac{x}{2}dx$

(3) $\int_{-1}^1 \frac{e^x}{1+e^x}dx$ (4) $\int_1^2 \frac{1}{x^2}e^{\frac{1}{x}}dx$

(5) $\int_0^1 \sqrt{1+x}dx$ (6) $\int_0^{\frac{\pi}{2}} \sin x\cos^2 x dx$

(7) $\int_0^1 x\sqrt{1-x^2}\mathrm{d}x$　　(8) $\int_1^{\mathrm{e}} \frac{1+\ln x}{x}\mathrm{d}x$

(9) $\int_1^{\mathrm{e}^3} \frac{1}{x\sqrt{1+\ln x}}\mathrm{d}x$　　(10) $\int_0^2 \frac{\mathrm{e}^x}{\mathrm{e}^{2x}+1}\mathrm{d}x$

4. 证明下列各式.

(1) $\int_a^b f(x)\mathrm{d}x = \int_a^b f(a+b-x)\mathrm{d}x$

(2) $\int_0^1 x^m(1-x)^n\mathrm{d}x = \int_0^1 x^n(1-x)^m\mathrm{d}x$

(3) $\int_0^{\pi} \sin^n x\mathrm{d}x = 2\int_0^{\frac{\pi}{2}} \sin^n x\mathrm{d}x$

(4) $\int_0^a x^5 f(x^3)\mathrm{d}x = \frac{1}{3}\int_0^{a^3} xf(x)\mathrm{d}x$

4.2.3　分部积分法

前面我们在复合函数求导法则的基础上，得到了换元积分法，可还有一些常见的积分不能用换元积分法计算，如：$\int x\sin x\mathrm{d}x$，$\int x\mathrm{e}^x\mathrm{d}x$，$\int x\ln x\mathrm{d}x$，$\int \mathrm{e}^x\sin x\mathrm{d}x$，对此我们利用两个函数乘积的求导法则，来推导出另一个求积分的方法 —— 分部积分法.

设函数 $u=u(x)$ 及 $v=v(x)$ 具有连续导数. 那么，两个函数乘积的导数公式为

$$(uv)' = u'v + uv',$$

移项，得 $uv' = (uv)' - u'v$

对这个等式两边求不定积分，得

$$\int uv'\mathrm{d}x = uv - \int u'v\mathrm{d}x \tag{4-1}$$

公式(4-1) 称为分部积分公式. 如果求$\int uv'\mathrm{d}x$ 有困难，而求$\int u'v\mathrm{d}x$ 比较容易时，分部积分公式就可以发挥作用了.

为简便起见，也可把公式写成下面的形式：

$$\int u\mathrm{d}v = uv - \int v\mathrm{d}u \tag{4-2}$$

选取 $u(x)$ 和 $v'(x)$ 的原则：

若被积函数可看作是两个函数的乘积，那么其中哪一个应视为 $u(x)$，哪

一个应视为 $v'(x)$ 呢?一般考虑如下:

(1) 选作 $v'(x)$ 的函数,必须能求出它的原函数 $v(x)$,这是可用分部积分法的前提.

(2) 选取 $u(x)$ 和 $v'(x)$,最终要使公式(4-1)式右端的积分 $\int v(x)u'(x)\mathrm{d}x$ 较左端的积分 $\int u(x)v'(x)\mathrm{d}x$ 易于计算,这是用分部积分法要达到的目的.

例 1 求 $\int x\sin x\mathrm{d}x$

解 令 $u = x,\ v' = \sin x$,则 $u' = 1,\ v = -\cos x$,于是

$$\text{原式} = -x\cos x + \int \cos x \cdot 1 \cdot \mathrm{d}x = -x\cos x + \sin x + C$$

例 2 求 $\int x\ln x\mathrm{d}x$

解 令 $u = \ln x,\ v' = x$ 则 $u' = \dfrac{1}{x}, v = \dfrac{x^2}{2}$,于是

$$\text{原式} = \frac{1}{2}x^2\ln x - \int \frac{1}{x}\,\frac{x^2}{2}\mathrm{d}x = \frac{1}{2}x^2\ln x - \frac{1}{4}x^2 + C$$

例 3 求 $\int x\arctan x\mathrm{d}x$

解 令 $u = \arctan x,\ v' = x$,则 $u' = \dfrac{1}{1+x^2},\ v = \dfrac{1}{2}x^2$.

$$\begin{aligned}\text{原式} &= \frac{1}{2}x^2\arctan x - \frac{1}{2}\int \frac{x^2}{1+x^2}\mathrm{d}x \\ &= \frac{1}{2}x^2\arctan x - \frac{1}{2}\int\left(1 - \frac{1}{1+x^2}\right)\mathrm{d}x \\ &= \frac{1}{2}x^2\arctan x - \frac{1}{2}(x - \arctan x) + C\end{aligned}$$

在用分部积分法公式时,也可不写出 u 和 v' 而直接用公式(4-1).

例 4 求 $\int x^2\mathrm{e}^x\mathrm{d}x$

解

$$\begin{aligned}\text{原式} &= \int x^2(\mathrm{e}^x)'\mathrm{d}x = x^2\mathrm{e}^x - \int \mathrm{e}^x(x^2)'\mathrm{d}x = x^2\mathrm{e}^x - 2\int x\mathrm{e}^x\mathrm{d}x \\ &= x^2\mathrm{e}^x - 2\int x(\mathrm{e}^x)'\mathrm{d}x = x^2\mathrm{e}^x - \left(2x\mathrm{e}^x - 2\int \mathrm{e}^x x'\mathrm{d}x\right) \\ &= x^2\mathrm{e}^x - 2x\mathrm{e}^x + 2\int \mathrm{e}^x\mathrm{d}x = x^2\mathrm{e}^x - 2x\mathrm{e}^x + 2\mathrm{e}^x + C \\ &= \mathrm{e}^x(x^2 - 2x + 2) + C\end{aligned}$$

例 5 求 $\int \mathrm{e}^x\cos x\mathrm{d}x$

解 $\int e^x\cos x dx = \int (e^x)'\cos x dx = e^x\cos x - \int_0^{\pi} e^x(\cos x)' dx$

$= e^x\cos x + \int e^x\sin x dx = e^x\cos x + \int (e^x)'\sin x dx$

$= e^x\cos x + e^x\sin x - \int e^x(\sin x)' dx$

$= e^x\cos x + e^x\sin x - \int e^x\cos x dx$

移项得：$2\int e^x\cos x dx = e^x\cos x + e^x\sin x + C$

则原式 $= \frac{1}{2}e^x(\cos x + \sin x) + C$

从上题可以看出连续用两次分部积分后，出现了循环现象，之后再移项便可以得到结果.

如果是计算定积分，可以先利用不定积分求出 $F(x)$，再用牛顿—莱布尼兹公式计算定积分的值；也可以用下面公式来计算：

$$\int_a^b uv'dx = uv\big|_a^b - \int_a^b u'vdx \quad 或者 \quad \int_a^b udv = uv\big|_a^b - \int_a^b vdu$$

例 6　求 $\int_0^1 xe^x dx$

解　解法一：设 $u = x, v' = e^x$，则 $u' = 1, v = e^x$.

因为　$\int xe^x dx = xe^x - \int e^x dx = xe^x - e^x + C$

所以　$\int_0^1 xe^x dx = (xe^x - e^x)\big|_0^1 = (1\cdot e - e) - (0\cdot 1 - 1) = 1$

解法二：令 $u = x, v' = e^x$，则 $u' = 1, v = e^x$，于是

原式 $= xe^x\big|_0^1 - \int_0^1 e^x dx = (1\cdot e^1 - 0\cdot e^0) - e^x\big|_0^1 = e - (e - e^0) = 1$

例 7　求 $\int_0^1 \arcsin x dx$

解　原式 $= \int_0^1 \arcsin x\cdot x' dx = x\arcsin x\big|_0^1 - \int_0^1 x(\arcsin x)' dx$

$= (\arcsin 1 - 0) - \int_0^1 \frac{x}{\sqrt{1-x^2}}dx$

$= \frac{\pi}{2} + \frac{1}{2}\int_0^1 \frac{1}{\sqrt{1-x^2}}d(1-x^2)$

$= \frac{\pi}{2} + \frac{1}{2}\cdot 2(1-x^2)^{\frac{1}{2}}\Big|_0^1 = \frac{\pi}{2} + (0-1) = \frac{\pi}{2} - 1$

常见错误：

1. 已知 v' 求 v 时，不是求原函数而是求导数.

如:求$\int x\arctan x\mathrm{d}x$.

错误解法:令 $u=x, v'=\arctan x$ 则 $u'=1, v=\dfrac{1}{1+x^2}$

$$原式 = x\cdot\frac{1}{1+x^2}-\int 1\cdot\frac{1}{1+x^2}\mathrm{d}x=\frac{x}{1+x^2}-\arctan x+C$$

正确解法:令 $u=\arctan x,\ v'=x$,则 $u'=\dfrac{1}{1+x^2},\ v=\dfrac{1}{2}x^2$.

$$\begin{aligned}原式 &= \frac{1}{2}x^2\arctan x-\frac{1}{2}\int\frac{x^2}{1+x^2}\mathrm{d}x\\ &=\frac{1}{x}x^2\arctan x-\frac{1}{2}\int\left(1-\frac{1}{1+x^2}\right)\mathrm{d}x\\ &=\frac{1}{2}x^2\arctan x-\frac{1}{2}(x-\arctan x)+C\end{aligned}$$

2. 在求$\int u'v\mathrm{d}x$ 时,不是积分求出 $F(x)$,而是直接将被积函数看成 $F(x)$.

如:求$\int\ln(x+1)\mathrm{d}x$

错误解法:令 $u=\ln(x+1),\ v'=1$,则 $u'=\dfrac{1}{x+1},\ v=x$.

$$\begin{aligned}原式 &= x\ln(x+1)-\int\frac{1}{x+1}\cdot x\mathrm{d}x\\ &=x\ln(x+1)-\frac{x}{1+x}+\mathrm{C}\end{aligned}$$

正确解法:令 $u=\ln(x+1),\ v'=1$,则 $u'=\dfrac{1}{x+1},\ v=x$.

$$\begin{aligned}原式 &= x\ln(x+1)-\int\frac{1}{x+1}\cdot x\mathrm{d}x\\ &=x\ln(x+1)-\int\frac{x+1-1}{x+1}\mathrm{d}x\\ &=x\ln(x+1)-\int\left(1-\frac{1}{x+1}\right)\mathrm{d}x\\ &=x\ln(x+1)-x+\int\frac{1}{x+1}\mathrm{d}(x+1)\\ &=x\ln(x+1)-x+\ln|x+1|+C\end{aligned}$$

3. u, v' 选错,使得计算越来越复杂.

如:求$\int x\sin x\mathrm{d}x$

错误解法:令 $u=\sin x,\ v'=x$,则 $u'=\cos x,\ v=\dfrac{1}{2}x^2$.

$$原式 = \frac{1}{2}x^2\cdot\sin x-\int\cos x\cdot\frac{1}{2}x^2\mathrm{d}x=\cdots$$

正确解法：令 $u = x$，$v' = \sin x$，则 $u' = 1$，$v = -\cos x$.

$$原式 = -x\cos x + \int \cos x \cdot 1 \cdot dx = -x\cos x + \sin x + C$$

习题 4.2.3

1. 求下列不定积分.

(1) $\int x\cos 4x dx$　(2) $\int x^2\cos x dx$

(3) $\int \arcsin x dx$　(4) $\int x e^{-4x} dx$

(5) $\int e^x\cos 2x dx$　(6) $\int x^2\sin x dx$

(7) $\int x^2\ln x dx$　(8) $\int \frac{\ln x}{x^2} dx$

(9) $\int \ln^2 x dx$　(10) $\int \ln(x^2+1) dx$

2. 计算下列定积分.

(1) $\int_0^1 x e^x dx$　(2) $\int_1^b x\ln x dx$

(3) $\int_0^{\frac{\pi}{2}} x\sin x dx$　(4) $\int_0^{\ln 3} x e^{-x} dx$

(5) $\int_0^{e-1} \ln(x+1) dx$　(6) $\int_0^{\frac{\pi}{2}} x^2\sin x dx$

(7) $\int_0^{\frac{\pi}{2}} x^2\cos 2x dx$　(8) $\int_0^1 x\arctan x dx$

4.3　定积分的应用

定积分的概念和理论是在解决实际问题过程中产生和发展起来的，因而它的应用十分广泛. 这一节我们介绍定积分的一些简单应用，如利用定积分来求解平面图形的面积和旋转体的体积，以及定积分在经济和物理问题方面的应用.

4.3.1　利用定积分求解平面图形的面积

在直角坐标系下平面图形的形状是多种多样的，先考虑一些简单的情形.

设 $f(x),g(x)$ 为 $[a,b]$ 上的连续函数，且 $f(x)\geqslant g(x)$，要计算由曲线 $y=f(x)$，$y=g(x)$ 以及直线 $x=a$，$x=b$ $(a<b)$ 所围成的平面图形的面积 S（见图 4-9）.

取横坐标 x 为积分变量，它的取值区间为 $[a,b]$，面积 S 可看作分别以 $f(x)$ 和 $g(x)$ 为曲边的两曲边梯形的面积 $\int_a^b f(x)\mathrm{d}x$ 和 $\int_a^b g(x)\mathrm{d}x$ 之差，所以

$$S=\int_a^b f(x)\mathrm{d}x-\int_a^b g(x)\mathrm{d}x=\int_a^b[f(x)-g(x)]\mathrm{d}x$$

若在 $[a,b]$ 上 $f(x)\geqslant g(x)$ 不成立，可以证明

$$S=\int_a^b|f(x)-g(x)|\mathrm{d}x$$

若平面图形是由连续曲线 $x=\varphi(y)$，$x=\psi(y)$ 以及直线 $y=c$，$y=d(c<d)$，围成（见图 4-10），同样可证

$$S=\int_c^d|\varphi(y)-\psi(y)|\mathrm{d}y$$

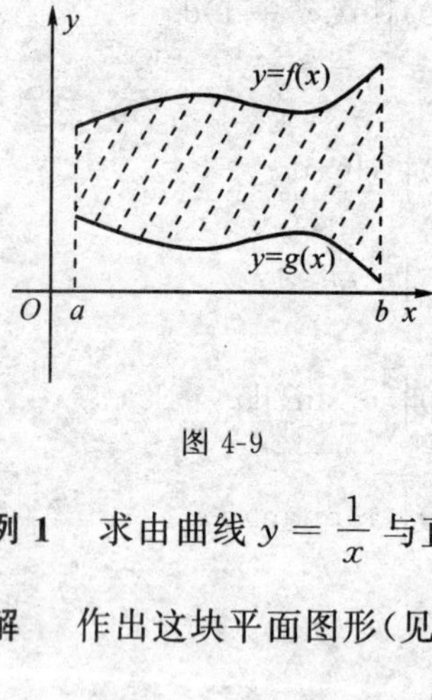

图 4-9

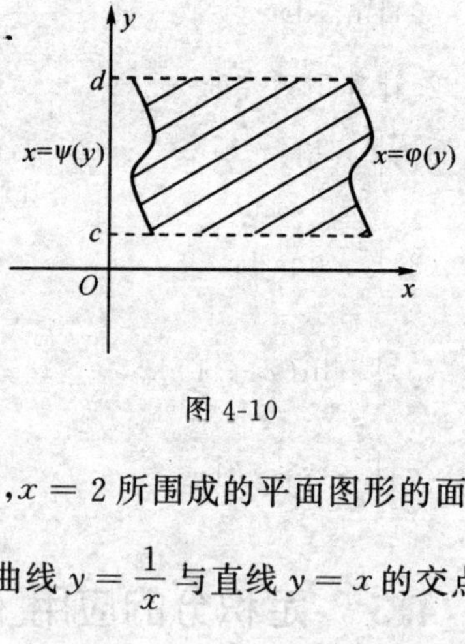

图 4-10

例 1 求由曲线 $y=\dfrac{1}{x}$ 与直线 $y=x,x=2$ 所围成的平面图形的面积.

解 作出这块平面图形（见图 4-11）. 曲线 $y=\dfrac{1}{x}$ 与直线 $y=x$ 的交点为

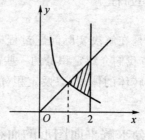

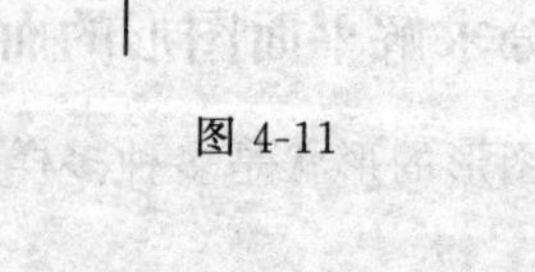

图 4-11

(1,1),取积分区间为[1,2],得

$$S=\int_1^2\left|x-\frac{1}{x}\right|\mathrm{d}x=\int_1^2\left(x-\frac{1}{x}\right)\mathrm{d}x$$
$$=\left(\frac{1}{2}x^2-\ln x\right)\Big|_1^2=\frac{3}{2}-\ln 2$$

例 2　求由曲线 $y=x^2$ 与 $y=2x-x^2$ 所围图形的面积.

解　首先,画出草图(如图 4-12 所示),求出两曲线交点坐标,由
$\begin{cases}y=x^2,\\y=2x-x^2,\end{cases}$ 得 $x^2=2x-x^2\Rightarrow x_1=0,\ x_2=1$

所以　两交点坐标分别为(0,0)和(1,1),积分区间为[0,1].

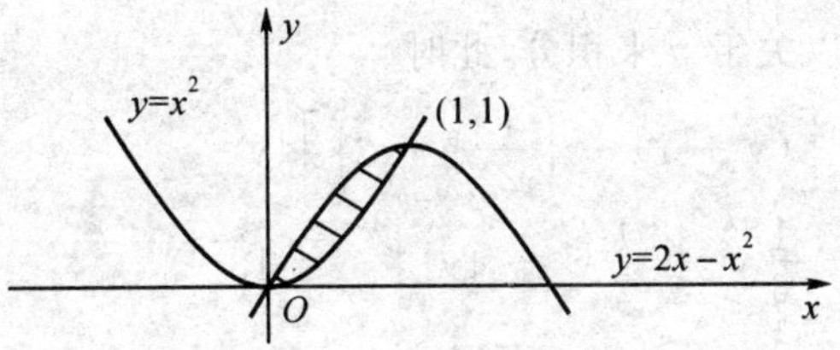

图 4-12

又在区间[0,1]上有 $2x-x^2\geqslant x^2$,所以有

$$S=\int_0^1(2x-x^2-x^2)\mathrm{d}x=x^2\Big|_0^1-\frac{2}{3}x^3\Big|_0^1=1-\frac{2}{3}=\frac{1}{3}$$

例 3　求由直线 $y=x-1$ 与曲线 $y^2=2x+6$ 所围图形的面积.

解　首先,画出草图(如图 4-13 所示),求出两曲线交点坐标,由
$\begin{cases}y=x-1\\y^2=2x+6\end{cases}$ 得两交点坐标分别为$(-1,-2)$及$(5,4)$.

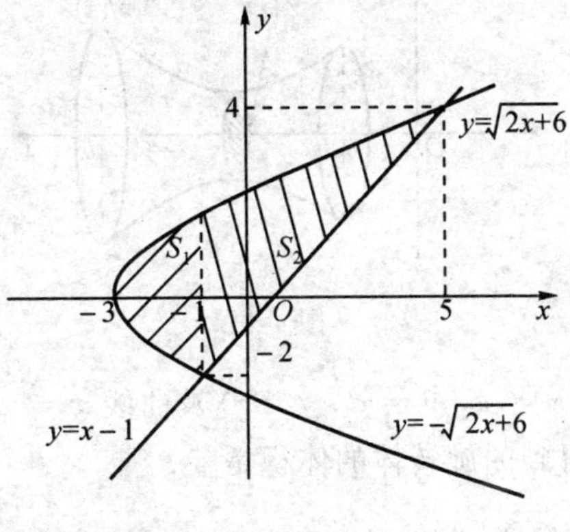

图 4-13

由于图形的下边曲线是由不同的方程构成,因此应该将整个图形看成是由两部分构成,一部分面积记为 S_1,另一部分面积记为 S_2. 所以

$$\begin{aligned}S &= S_1 + S_2 = \int_{-3}^{-1}\left[\sqrt{2x+6} - (-\sqrt{2x+6})\right]\mathrm{d}x \\ &\quad + \int_{-1}^{5}\left[\sqrt{2x+6} - (x-1)\right]\mathrm{d}x \\ &= 2\int_{-3}^{-1}\sqrt{2x+6}\,\mathrm{d}x + \int_{-1}^{5}\sqrt{2x+6}\,\mathrm{d}x - \int_{-1}^{5}(x-1)\mathrm{d}x \\ &= \frac{2}{3}(2x+6)^{\frac{3}{2}}\Big|_{-3}^{-1} + \frac{1}{3}(2x+6)^{\frac{3}{2}}\Big|_{-1}^{5} - \left(\frac{1}{2}x^2 - x\right)\Big|_{-1}^{5} \\ &= \frac{16}{3} + \frac{56}{3} - 6 = 18\end{aligned}$$

此面积也可以关于 y 来积分,此时

$$\begin{aligned}S &= \int_{-2}^{4}\left[(y+1) - \left(\frac{1}{2}y^2 - 3\right)\right]\mathrm{d}y \\ &= \left(-\frac{1}{6}y^3 + \frac{1}{2}y^2 + 4y\right)\Big|_{-2}^{4} = 18\end{aligned}$$

4.3.2 求旋转体的体积

设旋转体是由直线 $x=a$, $x=b$, $y=0$ 及曲线 $y=f(x)$ $(f(x)\geqslant 0)$ 所围成的平面图形绕 x 轴旋转一周而成. 下面来求它的体积. 如图 4-14,过 $[a,b]$ 内任一点 x 处垂直于 x 轴的截面是半径为 $f(x)$ 的圆,截面面积为 $A(x)=\pi f^2(x)$,在 x 的变化区间 $[a,b]$ 内积分,得旋转体体积为

$$V_x = \pi\int_a^b [f(x)]^2\mathrm{d}x$$

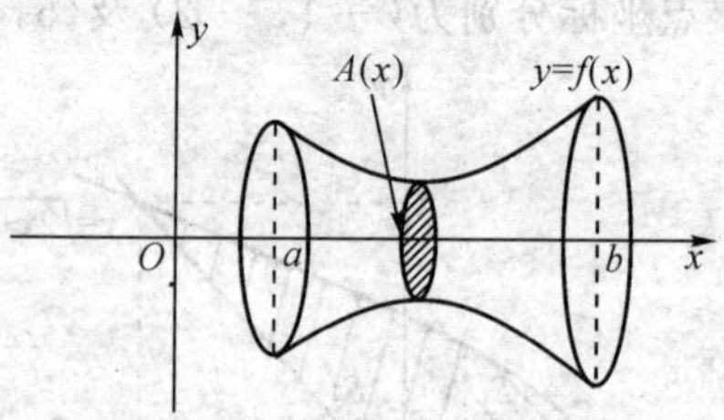

图 4-14

类似地,由直线 $y=c$, $y=d$, $x=0$ 及曲线 $x=g(y)$ 所围成的平面图形绕 y 轴旋转一周得到的旋转体的体积是

$$V_y = \pi\int_c^d [g(y)]^2\mathrm{d}y$$

例 4　推导圆锥体体积公式.

解　底半径为 R 高为 h 的圆锥体,可看作由直线 $y=\frac{R}{h}x$, $x=h$ 以及 x 轴所围成的三角形绕 x 轴旋转一周所得到的旋转体(见图 4-15).

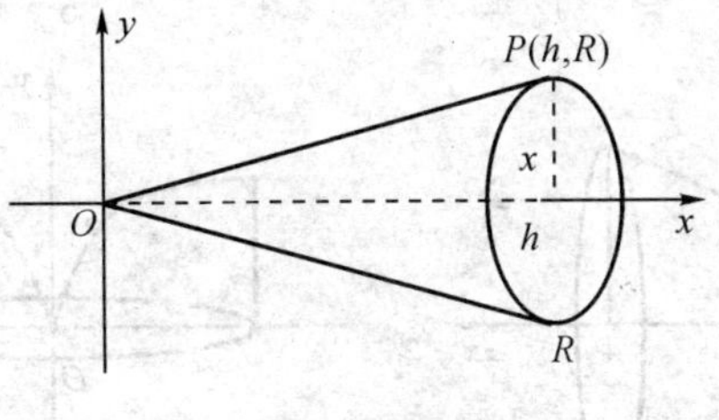

图 4-15

因此　$$V=\pi\int_0^h y^2\mathrm{d}x=\pi\int_0^h\left(\frac{R}{h}x\right)^2\mathrm{d}x=\frac{\pi R^2}{h^2}\cdot\frac{x^3}{3}\bigg|_0^h=\frac{\pi R^2 h}{3}$$

例 5　计算由椭圆 $\frac{x^2}{a^2}+\frac{y^2}{b^2}=1$ 绕 y 轴旋转一周所得到的旋转体(称为旋转椭球体)的体积.

解　此旋转体的图形见图 4-16.

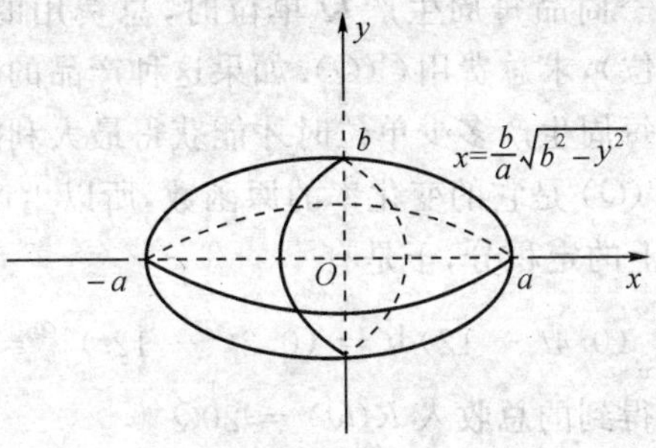

图 4-16

因此　$$V=\pi\int_{-b}^{b}x^2\mathrm{d}y=\pi\int_{-b}^{b}a^2\left(1-\frac{y^2}{b^2}\right)\mathrm{d}y=\frac{2\pi a^2}{b^2}\int_0^b(b^2-y^2)\mathrm{d}y$$
$$=\frac{2\pi a^2}{b^2}\left[b^2y-\frac{1}{3}y^3\right]\bigg|_0^b=\frac{4}{3}\pi a^2 b$$

特别地,当 $a=b$ 时,得到半径为 a 的球体积公式 $V=\frac{4}{3}\pi a^3$.

例 6　设 D 是由 $y=\sqrt{x}$, $x=4$ 及 x 轴围成的平面图形的面积,试求

(1) D 绕 x 轴旋转而成的旋转体体积 V_x(如图 4-17(a));

(2) D 绕 y 轴旋转而成的旋转体体积 V_y(如图 4-17(b)).

解 $V_x = \pi\int_0^4 (\sqrt{x})^2 \mathrm{d}x = \pi \cdot \frac{x^2}{2}\Big|_0^4 = 8\pi$

V_y 可以看成两个旋转体体积之差，所以

$$V_y = \pi\int_0^2 4^2 \mathrm{d}y - \pi\int_0^2 (y^2)^2 \mathrm{d}y = \pi\left(16y - \frac{y^5}{5}\right)\Big|_0^2 = \frac{128}{5}\pi$$

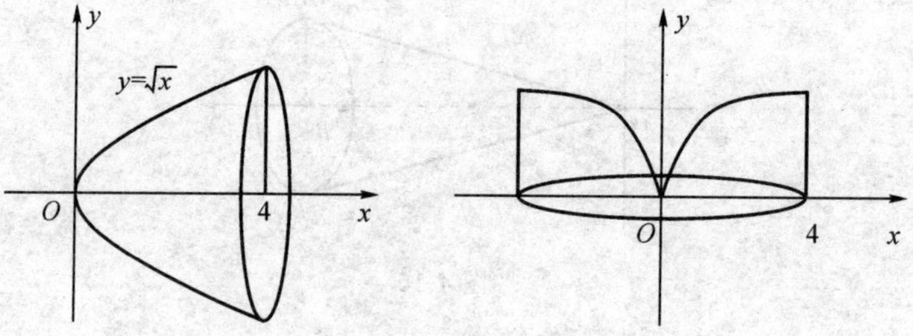

(a) (b)

图 4-17

4.3.3 积分学在经济中的应用举例

例 7 已知某一商品每周生产 Q 单位时，总费用的变化率是 $C'(Q) = 0.4Q - 12$（元 / 单位），求总费用 $C(Q)$. 如果这种产品的销售单价是 20 元，求总利润 $L(Q)$，并问每周生产多少单位时才能获得最大利润？

解 总费用 $C(Q)$ 是它的变化率的原函数，所以生产 Q 单位总费用就是求变化率在 $[0,Q]$ 上的定积分，于是有

$$C(Q) = \int_0^Q (0.4t - 12)\mathrm{d}t = (0.2t^2 - 12t)\big|_0^Q - 0.2Q^2 - 12Q$$

而销售 Q 单位商品得到的总收入 $R(Q) = 20Q$

而利润 $L(Q) = R(Q) - C(Q)$，所以

$$L(Q) = 20Q - (0.2Q^2 - 12Q) = 32Q - 0.2Q^2$$

而 $L'(Q) = 32 - 0.4Q = 0$， 得 $Q = 80$

将它代入上式，得最大利润为

$$L(80) = 32.80 - 0.2 \times 80^2 = 80(32 - 16) = 1280(\text{元})$$

例 8 在经济活动中，生产 x 件产品的总投入称为生产 x 件产品时的总成本，总收入与总成本的差称为利润. 若已知生产某产品的总成本是 $C(x) = 200 + 2x$，边际收入是 $R'(x) = 10 - 0.01x$，其中 x 的单位是件，C 与 R 的单位是元，问生产多少件产品时，才能够获得最大利润？

解 生产 x 件产品时的总收入为

$$R(x)=\int_0^x R'(t)\mathrm{d}t=\int_0^x(10-0.01t)\mathrm{d}t=10x-0.005x^2$$

生产 x 件产品时的利润为

$$L(x)=R(x)-C(x)=10x-0.005x^2-200-2x$$
$$=8x-0.005x^2-200$$

由 $L'(x)=8-0.01x=0$ 得 $x=800$，又 $L''(x)=-0.01<0$，所以 $x=800$ 是 $L(x)$ 的最大值点，即生产 800 件产品时，可以得到最大利润，最大利润是

$$L(800)=8\times800-0.005\times(800)^2-200=3000(\text{元})$$

例 9　设生产某产品的固定成本为 1 万元，边际收益和边际成本分别为（单位:万元 / 百台）　$R'(Q)=8-Q$，　$C'(Q)=4+\dfrac{Q}{4}$

(1) 求产量由 1 百台增加到 5 百台时，总成本和总收益各增加多少？

(2) 求产量为多少时，总利润最大.

(3) 求利润最大时的总利润、总成本和总收益.

解　(1) 总成本的增加量为

$$\int_1^5 C'(Q)\mathrm{d}Q=\int_1^5\left(4+\frac{Q}{4}\right)\mathrm{d}Q=\left(4Q+\frac{Q^2}{8}\right)\Big|_1^5=19(\text{万元})$$

总收益的增加量为

$$\int_1^5 R'(Q)\mathrm{d}Q=\int_1^5(8-Q)\mathrm{d}Q=\left(8Q-\frac{1}{2}Q^2\right)\Big|_1^5=20(\text{万元})$$

(2) 总利润函数

$$L(Q)=\int_0^Q\left[(8-x)-\left(4+\frac{x}{4}\right)\right]\mathrm{d}x-1$$
$$=\left(4x-\frac{5}{8}x^2\right)\Big|_0^Q-1=4Q-\frac{5}{8}Q^2-1$$

由 $L'(Q)=4-\dfrac{5}{4}Q=0$ 得 $Q=3.2$(百台)，又 $L''(Q)=\dfrac{5}{4}<0$(对任何 Q 都成立)，故产量 $Q=3.2$(百台) 时，利润最大.

(3) 将 $Q=3.2$ 代入利润函数中，可得最大利润为

$$L(3.2)=4\cdot3.2-\frac{5}{8}(3.2)^2-1=5.4(\text{万元})$$

利润最大时的总成本为

$$C=\int_0^{3.2}\left(4+\frac{Q}{4}\right)\mathrm{d}Q+1=\left(4Q+\frac{Q^2}{8}\right)\Big|_0^{3.2}+1=15.08(\text{万元})$$

利润最大时的总收益为

$$R=\int_0^{3.2}(8-Q)\mathrm{d}Q=(8Q-\frac{1}{2}Q^2)\big|_0^{3.2}=20.48(\text{万元})$$

一个价格变化率函数的积分模型：

例 10 在美国一包香烟的价格变化率可以看成为下列函数

$$c(x)=0.06x^2-1.5x+8.24,\qquad 0\leqslant x\leqslant 35$$

其中x表示从1960年以后的年数，$c(x)$是每包香烟的价格改变率函数(美分/年). 如图 4-18.

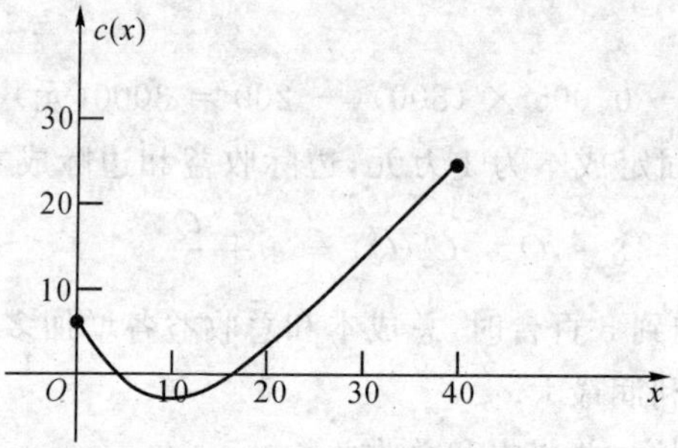

图 4-18

(1) 计算$\int_{23}^{28}c(x)\mathrm{d}x$并解释结果；

(2) 计算$\int_{10}^{24}c(x)\mathrm{d}x$并解释结果.

解 (1) 计算与分析：因为$c(x)$是一个变化率函数，因此该积分表示的是从1983($x=23$)到1988($x=28$)香烟的价格改变量. 据定义计算可以得到

$$\int_{23}^{28}c(x)\mathrm{d}x=\int_{23}^{28}(0.06x^2-1.5x+8.24)\mathrm{d}x$$

$$=(0.02x^3-0.75x^2+8.24x)\big|_{23}^{28}=45.65$$

从数据可以看出1983年至1988年每包香烟的价格总共增加了45.65美分.

(2) 计算与分析：同样可以计算

$$\int_{10}^{14}c(x)\mathrm{d}x=\int_{10}^{14}(0.06x^2-1.5x+8.24)\mathrm{d}x$$

$$=(0.02x^3-0.75x^2+8.24x)\big|_{10}^{14}=-4.16$$

结果得到的是一个负数，反映出从1970年至1974年香烟价格总共减少了4.16美分. 其实从图4-18上也可以看出当$x\in[10,14]$时，变化率函数值是负的，因此积分结果肯定也是负的，这样我们的计算结果与图象的反映相吻合.

4.3.4　积分学在物理方面的应用

由物理学知道，在常力 F 的作用下，物体沿力的方向作直线运动，当物体移动一段距离 S 时，力所作的功是

$$W = FS$$

但在实际问题中物体所受的力是变化的. 这就要讨论如何求变力作功问题.

设物体在变力 $F = f(x)$ 作用下沿 x 轴由 a 处移动到 b 处，求变力 F 所做的功. 由于力是变力，所以所求功是区间$[a,b]$上非均匀分布的整体量，故可以用定积分来解决.

利用微元法，由于变力 $F = f(x)$ 是连续变化的，故可以设想在微小区间$[x,x+\mathrm{d}x]$上作用力 $F = f(x)$ 保持不变（"常代变"求微元的思想），按常力做功公式得这一段上变力做功近似值.

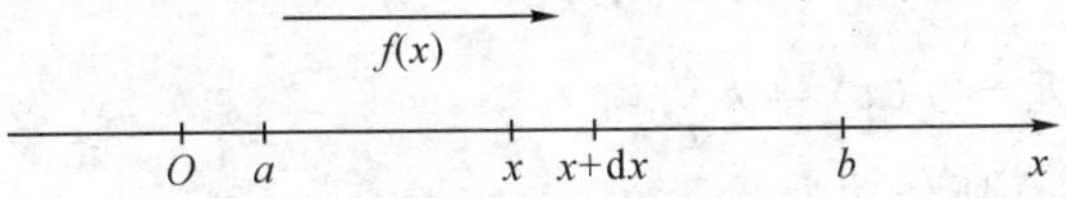

图 4-19

如图 4-19 所示建立坐标系，变力 $F = f(x)$ 使物体从微小区间$[x,x+\mathrm{d}x]$的左端点 x 处移动到右端点 $x+\mathrm{d}x$ 处，所做功的近似值，即功微元为

$$\mathrm{d}W = f(x)\mathrm{d}x$$

将微元 $\mathrm{d}W$ 从 a 到 b 求定积分，得 $F = f(x)$ 在整个区间上所做的功为

$$W = \int_a^b f(x)\mathrm{d}x$$

例 11　在弹性限度内，螺旋弹簧受压时，长度的改变与所受外力成正比例. 已知弹簧被压缩 0.5cm 时，需力 9.8N. 当弹簧压缩 3cm 时，试求（压）力所作的功.

解　设所用压力为 $f(x)$（以 N 为单位）时，弹簧压缩 x（以 m 为单位），则

$$f(x) = kx \quad (k \text{ 为比例系数})$$

因为 $x = 0.005\text{cm}$ 时，$f = 9.8\text{N}$，所以 $k = 1960$.

变力函数为　$f(x) = 1960x$

功元素为　$\mathrm{d}W = f(x)\mathrm{d}x = 1960x\mathrm{d}x$

在$[0,0.03]$上积分，便得到所求的功（以 J 为单位）

$$W = \int_0^{0.03} 1960x\mathrm{d}x = 980x^2\Big|_0^{0.03} = 0.882$$

例 12 把一个带 $+q$ 电量的电荷放在 r 轴上坐标原点 O 处，它产生一个电场，这个电场对周围的电荷产生作用力. 由物理学知道，如果有一个单位正电荷放在这个电场中距原点为 r 的地方，那么电场对它的作用力大小为

$$F = k\frac{q}{r^2} \qquad (k \text{ 为常数})$$

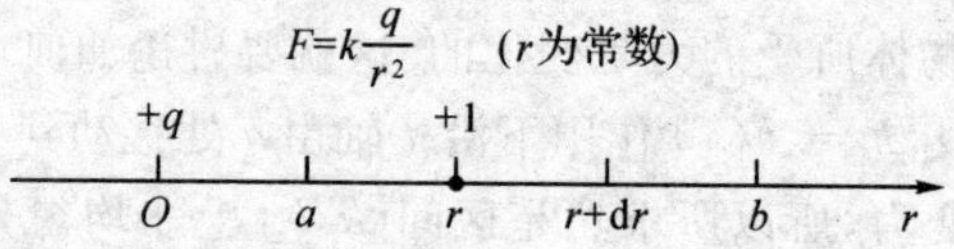

图 4-20

如图 4-20 所示，当这个单位正电荷在电场中从 $r=a$ 处沿轴移到 $r=b(b>0)$ 处时，计算电场力对它所做的功.

解 积分变量为 r，积分区间为 $[a,b]$

电场力 $F=f(x)=k\dfrac{q}{r^2}$

电场力 $f(r)$ 所作功为

$$W=\int_a^b f(r)\mathrm{d}r=\int_a^b k\frac{q}{r^2}\mathrm{d}r=-kq\frac{1}{r}\Big|_a^b=kq\left(\frac{1}{a}-\frac{1}{b}\right)$$

例 13 一个圆柱形的容器，高 4 米，底面半径 3 米，装满水，问：把容器内的水全部抽完需做多少功？

解 属于变距离的做功问题，如图 4-21，设水的密度为 ρ，功的微元

$$\mathrm{d}W=\rho\cdot\pi 3^2 x\cdot g\mathrm{d}x$$

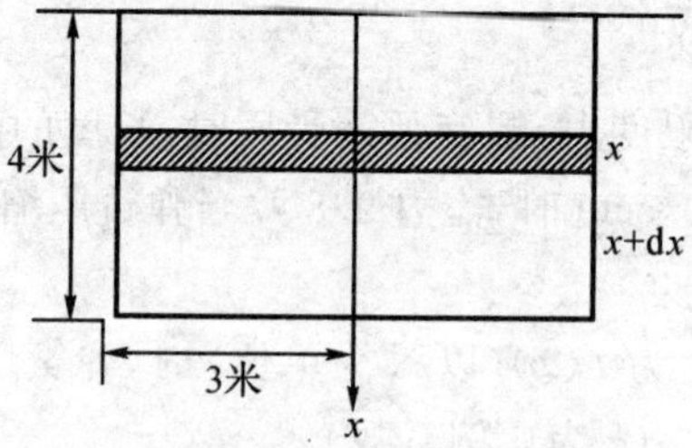

图 4-21

于是功

$$W=\int_0^4 9\pi\rho g x\mathrm{d}x=9\pi\rho g\frac{x^2}{2}\Big|_0^4=72\pi\rho g(\mathrm{J})$$

常见错误：

1. 定积分求面积时，当阴影部分的上下边界不唯一时，没有分开来积分.

如:例 3.

错误解法:$S=\int_{-3}^{5}[\sqrt{2x+6}-(x-1)]\mathrm{d}x=\cdots$

或者 $S=\int_{-3}^{5}[\sqrt{2x+6}-(-\sqrt{2x+6})]\mathrm{d}x=\cdots$

正确解法:应该分成两块面积来积分,解题过程如上.

2. 所找的面积不是由题目所给的几条曲线围成.

如:例 1

错误解法:所找面积为图 4-12 种阴影部分下面的封闭部分.实际上,下面的封闭部分的四条边界分别为:$y=\dfrac{1}{x}$, $y=x$, $x=2$, $y=0$;而题目要求的是由 $y=\dfrac{1}{x}$, $y=x$, $x=2$ 所围成的平面图形的面积.

正确解法:解题过程如上.

习题 4.3

1. 求由下列各曲线所围成图形的面积.

(1) 由曲线 $y=4-x^2$ 与直线 $y=0$ 所围成的图形.

(2) 由曲线 $y=3-x^2$ 与直线 $y=2x$ 所围成的图形.

(3) 由曲线 $y=\mathrm{e}^x$ 与直线 $y=\mathrm{e}$ 及 y 轴所围成的图形.

(4) 由曲线 $y=\dfrac{1}{x}$ 与直线 $y=x$ 及 $x=2$ 所围成的图形.

(5) 由曲线 $y=x^2$ 与曲线 $x=y^2$ 所围成的图形.

(6) 由曲线 $y=x^2$ 与直线 $y=3x-2$ 所围成的图形.

(7) 由曲线 $y=x^2$ 及曲线 $y=4x^2$ 与直线 $y=1$ 所围成的图形.

(8) 由直线 $y=2x, y=\dfrac{x}{2}$ 与直线 $x+y=2$ 所围成的图形.

(9) 由曲线 $xy=1$ 与直线 $y=4x, x=2, y=0$ 所围成的图形.

(10) 在 $[0,2\pi]$ 上,由曲线 $y=\cos x$ 与直线 $y=1$ 所围成的图形.

2. 求由抛物线 $y^2=4x$ 及其在点 $M(1,2)$ 处的法线所围图形的面积.

3. 求下列旋转体的体积.

(1) $y=x^2(0\leqslant x\leqslant 2)$,分别绕 x 轴和 y 轴旋转.

(2) $x=\sqrt{y}, y=1, x=0$,分别绕 x 轴和 y 轴旋转.

(3) $y=\sin x(0\leqslant x\leqslant \pi), y=0$,分别绕 x 轴和 y 轴旋转.

(4)$y=\frac{3}{x}$,$x+y=4$,分别绕 x 轴和 y 轴旋转.

(5)$x^2+(y-5)^2=16$,绕 x 轴旋转.

(6)$y=x^2$,$x=y^2$,绕 y 轴旋转.

(7) 抛物线 $y=4-x^2$ 与它在点(2,0)处的切线及 y 轴围成的平面图形分别绕 x 轴和 y 轴旋转而成的旋转体的体积.

(8) 抛物线 $y=x^2-x$ 与 $x=2$ 及 x 轴围成的平面图形分别绕 x 轴和 y 轴旋转而成的旋转体的体积.

4. 已知生产某产品的固定成本为 2000,边际成本函数为 $MC=3Q^2-118Q+1315$,试确定总成本函数.

5. 生产某产品,其边际收益函数为 $MR=200-\frac{Q}{50}$.

(1) 求总收益函数. (2) 求生产 200 个单位时的总收益.

(3) 若已经生产了 200 个单位,求再生产 200 个单位时的总收益.

6. 每天生产某产品的固定成本为 20 万元,边际成本函数为

$$MC=0.4Q+2(\text{万元}/\text{吨})$$

商品的销售价格 $P=18$(万元/吨).

(1) 求总成本函数. (2) 求总利润函数.

(3) 每天生产多少吨产品可获得最大利润?最大利润是多少?

7. 生产某产品的固定成本为 6,而边际成本函数和边际收益函数分别是

$$MC=3Q^2-18Q+36,\qquad MR=33-8Q$$

试求获得最大利润的产量和最大利润.

8. 已知某产品的总成本 C(万元)关于产量的变化率为 $C'(x)=2$,其边际收入为 $R'(x)=6-\frac{x}{2}$(万元),求

(1) 产量 x 为多少时,总利润 $L(x)$ 最大?

(2) 从利润最大的生产量又生产了 100 台,总利润减少了多少?

9. 一个弹簧,用 4N 的力可以把它拉长 0.02m,求把它拉长 0.1m 所做的功.

10. 一水闸的闸门形状是一等腰梯形,上底长为 a,下底长为 $b(a\geqslant b)$,高为 h. 当水面涨到闸门顶部时,求闸门所受的侧压力 P.

11. 现有一薄板,其形状是一等腰三角形,底长为 20 米,高为 15 米,面密度 $\rho(x)=x$ 吨/平方米,其中 x 是点到底边的距离. 试求此薄板的质量.

12. 有一口日产 300 桶原油的油井,在 100 天后将要枯竭. 预计从现在开

始第天后,每桶原油的价格是 $P(t)=18+0.3\sqrt{t}$(元).假定原油生产出后立即被销售,那么从这口井总共可以获得多少收入?

本章复习题

一、选择题

1. $[\int f(x)\mathrm{d}x]'$ 等于　(　　)

A. $f'(x)$　B. $\int f'(x)\mathrm{d}x$　C. $f(x)+C$　D. $f(x)$

2. 函数 $y=\sin 4x$ 的一个原函数是　(　　)

A. $\cos 4x$　B. $\frac{1}{4}\cos 4x$　C. $-\frac{1}{4}\cos 4x$　D. $-\frac{1}{4}\sin 4x$

3. 函数的(　　)原函数,称为不定积分.

A. 任意一个　B. 所有的　C. 某一个　D. 唯一

4. 下列等式正确的是　(　　)

A. $\int \mathrm{d}F(x)=F(x)$　B. $\int \mathrm{d}F(x)=\mathrm{d}F(x)$

C. $\mathrm{d}\int \mathrm{d}F(x)=F(x)$　D. $\mathrm{d}\int \mathrm{d}F(x)=\mathrm{d}F(x)$

5. 由定积分的几何意义知,定积分 $\int_{-1}^{1}\sqrt{1-x^2}\mathrm{d}x$ 等于　(　　)

A. 0　B. π　C. 1　D. $\frac{\pi}{2}$

6. 以下定积分其值为负数的是　(　　)

A. $\int_0^{\frac{\pi}{2}}\sin x\mathrm{d}x$　B. $\int_{\frac{\pi}{2}}^{\pi}\sin x\mathrm{d}x$　C. $\int_0^1 x^3\mathrm{d}x$　D. $\int_{\frac{\pi}{2}}^{0}\sin x\mathrm{d}x$

7. 下列各式正确的是　(　　)

A. $\int_0^1 x^2\mathrm{d}x<\int_0^1 x^4\mathrm{d}x$　B. $\int_1^2 \ln x\mathrm{d}x\leqslant\int_1^2 \ln^2 x\mathrm{d}x$

C. $\int_0^1 \mathrm{e}^{-x}\mathrm{d}x\geqslant\int_0^1 \mathrm{e}^{-x}\mathrm{d}x$　D. $4\leqslant\int_1^2(6x-x^3)\mathrm{d}x\leqslant 4\sqrt{2}$

8. 设某产品总产量的变化率为 $P=P(t)$,则从 $t=a$ 时刻到 $t=b$ 时刻的总产量 P 等于　(　　)

A. $\int_0^a P(t)\mathrm{d}t$　B. $\int_0^b P(t)\mathrm{d}t$　C. $\int_a^b P(t)\mathrm{d}t$　D. $\int_b^a P(t)\mathrm{d}t$

9. $\int\cos(1-2x)\mathrm{d}x$ 等于　(　　)

A. $-\frac{1}{2}\sin(1-2x)+C$　　B. $\frac{1}{2}\sin(1-2x)+C$

C. $-\sin(1-2x)+C$　　D. $\sin(1-2x)+C$

10. $\int -xe^{-x}dx=$　　(　　)

A. $e^{-x}(1-x)+C$　　B. $e^{-x}(1+x)+C$

C. $e^{-x}(x-1)+C$　　D. $-e^{-x}(1+x)+C$

二、计算题

1. 求$\int \sqrt[3]{2-5x}dx$　　2. 求$\int x\sqrt{3+x^2}dx$

3. 求$\int_{-\frac{\pi}{2}}^{\frac{\pi}{2}}\frac{\arctan x}{1+x^2}dx$　　4. 求$\int \frac{\sqrt{\ln x}}{x}dx$

5. 求$\int \frac{1}{(\arcsin x)^2\sqrt{1-x^2}}dx$　　6. 求$\int_1^2\frac{1}{x^2}\sin\frac{1}{x}dx$

7. 求$\int \cos x e^{\sin x}dx$　　8. 求$\int_1^e \ln x dx$

9. 求$\int_0^{\frac{\pi}{2}}x^2\sin x dx$　　10. 求$\int \frac{1-x}{5+2x-x^2}dx$

三、应用题

1. 求由曲线 $y=x^2-8$ 与直线 $2x+y+8=0$，$y=-4$ 所围成图形的面积.

2. 求由曲线 $y=\frac{1}{x}$，$y=x$ 及 $x=3$ 所围成平面图形绕 x 轴旋转一周所得旋转体的体积.

3. 现有一薄板，其形状是一等腰三角形，底长为 20 米，高为 15 米，面密度为 $\rho(x)=x$ 吨/平方米，其中 x 为点到底边的距离. 试求此薄板的质量.

4. 设某产品的总成本的变化率为 $C'(x)=4+\frac{x}{4}$，总收入的变化率为 $R'(x)=8-x$，求

(1)产量由 100 台增加到 300 台时，总成本和总收入个增加多少？

(2)产量为多少时总利润最大？

附录1　数学实验(MATLAB 在微积分中的简单应用)

1. 极限

求极限是微积分的基础，在 MATLAB 中，求表达式极限是由函数 limit 实现的，其主要格式为：

limit(f)求符号表达式 f 在默认自变量趋于 0 时的极限：$\lim\limits_{x\to 0}f(x)$

limit(f,x,a)求符号表达式 f 在自变量 x 趋于 a 时的极限：$\lim\limits_{x\to a}f(x)$

limit(f,x,a,'left')求符号表达式 f 在自变量 x 趋于 a 时的左极限：$\lim\limits_{x\to a^-}f(x)$

limit(f,x,a,'right')求符号表达式 f 在自变量 x 趋于 a 时的右极限：$\lim\limits_{x\to a^+}f(x)$

例1　分别计算$\lim\limits_{x\to 0}\dfrac{1}{x}$，$\lim\limits_{x\to 0^-}\dfrac{1}{x}$，$\lim\limits_{x\to 0^+}\dfrac{1}{x}$和$\lim\limits_{x\to\infty}\left(\dfrac{x+2}{x-2}\right)^x$.

```
>> clear
>> syms a x                  % syms 用来定义变量
>> limit(1/x)                %使用默认自变量的格式
ans =
NaN                          %极限不存在

>> limit(1/x,x,0)            %使用自变量 x 的格式
ans =
NaN

>> limit(1/x,x,0,'left')
ans =
-Inf                         %极限不存在，趋向于－∞
```

```
>> limit(1/x,x,0,'right')
ans =
Inf                          %极限不存在,趋向于+∞
```

```
>> limit(((x+2)/(x-2))^x,inf)
ans =
exp(4)                       %极限值为e^4
```

2. 求导

MATLAB 提供了专门的求导函数,即 diff,其相关的函数语法为:

diff(f)求表达式 f 对默认自变量的一次导数值;

diff(f,t)求表达式 f 对自变量 t 的一次导数值;

diff(f,n)求表达式 f 对默认自变量的 n 次导数值;

diff(f,t,n)求表达式 f 对自变量 t 的 n 次导数值

例 2 求函数 cso$x$ 的导数.

```
>> clear
>> syms x
>> diff(cos(x))        %注意函数的表达形式为cos(x),不能表为cosx
ans =
-sin(x)
```

例 3 已知 $f(x)=2x^3+abx+b^2$,求 $f(x)$的一阶、二阶导数.若自变量为 b,求 $f(b)=2x^3+abx+b^2$ 的一阶、二阶、三阶导数.

```
>> clear
>> syms a b x
>> f=sym('2*x^3+a*b*x+b^2')     % =sym()用来定义符号变量
f =
2*x^3+a*b*x+b^2
```

```
>> diff(f)                      %对默认自变量求导
ans =
```

```
6*x^2+a*b

>> diff(f,2)                %对默认自变量求二阶导数
ans =
12*x

>> diff(f,b)                %对自变量b求导
ans =
a*x+2*b

>> diff(f,b,2)              %对自变量b求二阶导数
ans =
2

>> diff(f,b,3)              %对自变量b求三阶导数
ans =
0
```

例4　已知 $f(x)=\dfrac{\cos x}{3x^2+4x+1}$,求 $f(x)$的一阶、二阶、三阶导数,并画出该函数和其一阶导数的图形.

```
>> clear
>> syms x
>> f=cos(x)/(3*x^2+4*x+1)          %函数
f =
cos(x)/(3*x^2+4*x+1)

>> f1=diff(f)               %一阶导数
f1 =
-sin(x)/(3*x^2+4*x+1)-cos(x)/(3*x^2+4*x+1)^2*(6*x+4)
```

```
>> f2=diff(f,2)              %二阶导数
f2 =
-cos(x)/(3*x^2+4*x+1)+2*sin(x)/(3*x^2+4*x+1)^2*(6*x+4)+2*cos(x)/(3*x^2+4*x+1)^3*(6*x+4)^2-6*cos(x)/(3*x^2+4*x+1)^2

>> f3=diff(f,3)              %三阶导数
f3 =
sin(x)/(3*x^2+4*x+1)+3*cos(x)/(3*x^2+4*x+1)^2*(6*x+4)-6*sin(x)/(3*x^2+4*x+1)^3*(6*x+4)^2+18*sin(x)/(3*x^2+4*x+1)^2-6*cos(x)/(3*x^2+4*x+1)^4*(6*x+4)^3+36*cos(x)/(3*x^2+4*x+1)^3*(6*x+4)

>> hold on
>> ezplot(f,[2 6])           %绘制函数的图形(如图 F1-1 所示)
```

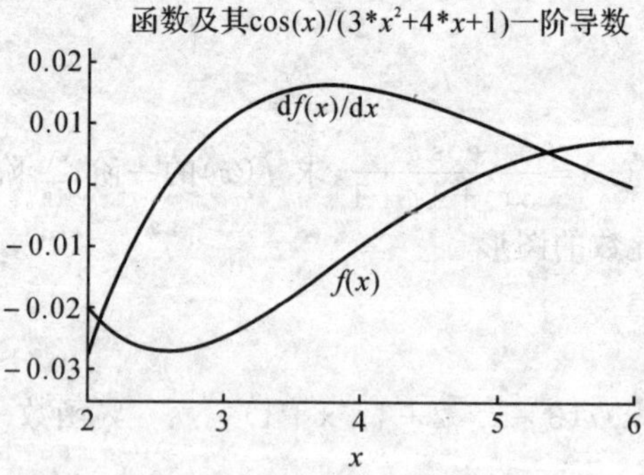

图 F1-1

```
>> ezplot(f1,[2 6])          %绘制函数一阶导数的图形(如图 F1-1 所示)
>> title('函数 cos(x)/(3*x^2+4*x+1)及其一阶导数')   %给图形加标题
>> gtext('f(x)')             %用鼠标选择位置给曲线加标注
>> gtext('df(x)/dx')         %用鼠标选择位置给曲线加标注
```

3. 积分

求解积分是我们学习中的一个难点,但利用 MATLAB 就很简单,它提供了一个可求解不定积分和定积分的函数 int,其调用格式为:

int(f)求表达式 f 对默认自变量的不定积分值;

int(f,t)求表达式 f 对自变量 t 的不定积分值;

int(f,a,b)求表达式 f 对默认自变量的定积分值,积分区间为$[a,b]$;

int(f,t,a,b)求表达式 f 对自变量 t 的定积分值,积分区间为$[a,b]$.

例 5　已知 $f(x)=ax^2+bx+c$,求$\int f(x)\mathrm{d}x$, $\int_0^4 f(x)\mathrm{d}x$.

```
>> clear
>> syms a b c x
>> f=sym('a*x^2+b*x+c')

f =
a*x^2+b*x+c


>> int(f)          %表达式 f 的不定积分,默认自变量是 x
ans =
1/3*a*x^3+1/2*b*x^2+c*x


>> int(f,0,4)          %表达式 f 在(0,4)的定积分,默认自变量是 x
ans =
64/3*a+8*b+4*c
```

例 6　求$\int \frac{4x+6}{x^2+3x-4}\mathrm{d}x$

```
>> clear
>> syms x
>> f=sym('(4*x+6)/(x^2+3*x-4)')

f =
(4*x+6)/(x^2+3*x-4)
```

```
>> int(f)
ans =
2*log(x^2+3*x-4)
```

例 7 求$\int\cos^{10}x\mathrm{d}x$

```
>> clear
>> syms x
>> f=sym('(cos(x))^10')

f =
(cos(x))^10


>> int(f)
ans =
1/10*cos(x)^9*sin(x)+9/80*cos(x)^7*sin(x)+21/160*cos(x)^5*sin(x)+21/128*cos(x)^3*sin(x)+63/256*cos(x)*sin(x)+63/256*x
```

例 8 求$\int x^{10}\mathrm{e}^{x}\mathrm{d}x$

```
>> clear
>> syms x
>> f=sym('x^10*e^x')

f =
x^10*e^x

>> int(f)
ans =
151200/log(e)^7*x^4*exp(x*log(e))+90/log(e)^3*x^8*exp(x*log(e))+1814400/log(e)^9*x^2*exp(x*log(e))+x^10/log(e)*exp(x*log(e))-604800/log(e)^8*x^3*exp(x*log(e))+3628800/log(e)^11*exp(x*log(e))+5040/log(e)^5*x^6*exp(x*log(e))-10/log
```

```
(e)^2*x^9*exp(x*log(e))-720/log(e)^4*x^7*exp(x*log(e))-
30240/log(e)^6*x^5*exp(x*log(e))-3628800/log(e)^10*x*exp(x
*log(e))
```

附录 2 微积分简史

微积分的产生是数学上的伟大创造，它从生产技术和科学理论的需要中产生，又反过来广泛影响着生产技术和科学的发展. 如今，微积分已是广大科学工作者以及技术人员不可缺少的工具.

微积分是微分和积分的统称. 将微积分作为一门学科，是在 17 世纪. 但是，微分和积分的思想在古代就已经产生了.

公元前三世纪，古希腊的阿基米得在研究解决抛物弓形的面积、球和球冠面积、螺线下面积和旋转双曲体的体积的问题中，就隐含着近代积分学的思想. 作为微分学基础的极限理论来说，早在古代已有比较清楚的论述. 比如我国的庄周所著的《庄子》一书的“天下篇”中，记有“一尺之棰，日取其半，万世不竭”. 三国时期的刘徽在他的割圆术中提到“割之弥细，所失弥小，割之又割，以至于不可割，则与圆周和体而无所失矣”. 这些都是朴素的、也是很典型的极限思想.

到了 17 世纪，有许多科学问题需要解决，这些问题也就成了促使微积分产生的因素. 归结起来，大约有四种主要类型的问题：第一类是研究物体运动的时候出现的求瞬时速度的问题；第二类是求曲线的切线问题；第三类是求函数的最大值和最小值问题；第四类是求曲线长、曲线围成的面积、曲面围成的体积、物体的重心、一个体积相当大的物体作用于另一物体的引力等.

17 世纪许多著名的数学家、天文学家、物理学家都为解决上述几类问题作了大量的研究工作，如法国的费尔玛、笛卡儿、罗伯瓦、笛沙格，英国的巴罗、瓦里士，德国的开普勒，意大利的卡瓦列利等人都提出许多很有建树的理论，为微积分的创立做出了贡献.

17 世纪下半叶，在前人工作的基础上，英国大科学家牛顿和德国数学家莱布尼兹分别在自己的国度里独自研究和完成了微积分的创立工作，虽然这只是十分初步的工作. 他们的最大功绩是把两个貌似毫不相关的问题联系在一起；一个是切线问题（微分学的中心问题），一个是求积问题（积分学的中心问题）.

牛顿和莱布尼兹建立微积分的出发点是直观的无穷小量，因此这门学科早期也称为无穷小分析. 这正是现在数学中分析学这一大分支名称的来源. 牛顿研究微积分着重于从运动学来考虑，莱布尼兹却是侧重于几何学来考虑的.

牛顿在1671年编写了《流数法和无穷级数》一书.这本书直到1736年才出版.他在这本书里指出，变量是由点、线、面的连续运动产生的，否定了以前自己认为的变量是无穷小元素的静止集合.他把连续变量叫做流动量，把这些流动量的导数叫做流数.牛顿在流数术中所提出的中心问题是：已知物体连续运动的路径，求给定时刻的速度(微分法)；已知物体运动的速度求给定时间内经过的路程(积分法).

牛顿

德国的莱布尼兹是一个博才多学的学者.1684年，他发表了现在世界上认为是最早的微积分文献.这篇文章有一个很长而且很古怪的名字《一种求极大极小和切线的新方法，它也适用于分式和无理量，以及这种新方法的奇妙类型的计算》.就是这样一篇说理也颇含糊的文章，却有划时代的意义，它已含有现代的微分符号和基本微分法则.1686年，莱布尼兹发表了第一篇积分学的文献.他是历史上最伟大的符号学者之一，他所创设的微积分符号，远远优于牛顿的符号，对微积分的发展有极大的影响.现在我们使用的微积分通用符号“dx”和“$\int$”就是当时莱布尼兹精心选用的.

莱布尼兹

微积分的创立，极大地推动了数学的发展，过去很多初等数学束手无策的问题，运用微积分，往往迎刃而解，显示出微积分的非凡威力.

前面已经提到，一门科学的创立绝不是某一个人的业绩，它必定是经过多少人的努力后，在积累了大量成果的基础上，最后由某个人或几个人总结完成的.微积分也是这样.

其实，微积分是牛顿和莱布尼兹分别独立研究、在大体上相近的时间里先后完成的.比较特殊的是牛顿创立微积分要比莱布尼兹早10年左右，但是正式公开发表微积分这一理论，莱布尼兹却要比牛顿早3年.他们的研究各有长处，也都各有短处.那时候，由于民族偏见，关于发明优先权的争论竟从1699年始延续了一百多年.

应该指出，和历史上任何一项重大理论的完成都要经历一段时间一样，牛顿和莱布尼兹的工作也都是很不完善的.他们在无穷和无穷小量这个问题上,说法不一,十分含糊.牛顿的无穷小量,有时候是零,有时候不是零而是有限的小量;莱布尼兹的也不能自圆其说.这些基础方面的缺陷,最终导致了第二次数学危机的产生.

直到19世纪初,法国科学学院以柯西为首的科学家,对微积分的理论进行了认真研究,建立了极限理论,后来又经过德国数学家维尔斯特拉斯进一步的严格化,使极限理论成为微积分的坚实基础,从而形成了理论上比较完善的学科.

任何新兴的、具有无量前途的科学成就都吸引着广大的科学工作者.在微积分的历史上也闪烁着这样的一些明星:瑞士的雅科布·贝努利和他的兄弟约翰·贝努利、欧拉,法国的拉格朗日、柯西……

欧氏几何也好、上古和中世纪的代数学也好,都是一种常量数学,微积分才是真正的变量数学,是数学中的大革命.微积分是高等数学的主要分支,不只是局限在解决力学中的变速问题和几何中图形的求积问题,它驰骋在近代和现代科学技术园地里,建立了数不清的丰功伟绩.

附录 3　微积分学常用公式

特殊角度的三角函数值（π＝180°）

	0	$\frac{\pi}{6}$	$\frac{\pi}{4}$	$\frac{\pi}{3}$	$\frac{\pi}{2}$	$\frac{2\pi}{3}$	$\frac{3\pi}{4}$	π	$\frac{5\pi}{4}$	$\frac{4\pi}{3}$	$\frac{3\pi}{2}$	$\frac{5\pi}{3}$	$\frac{7\pi}{4}$
$\sin x$	0	$\frac{1}{2}$	$\frac{\sqrt{2}}{2}$	$\frac{\sqrt{3}}{2}$	1	$\frac{\sqrt{3}}{2}$	$\frac{\sqrt{2}}{2}$	0	$-\frac{\sqrt{2}}{2}$	$-\frac{\sqrt{3}}{2}$	-1	$-\frac{\sqrt{3}}{2}$	$-\frac{\sqrt{3}}{2}$
$\cos x$	1	$\frac{\sqrt{3}}{2}$	$\frac{\sqrt{2}}{2}$	$\frac{1}{2}$	0	$-\frac{1}{2}$	$-\frac{\sqrt{2}}{2}$	-1	$-\frac{\sqrt{2}}{2}$	$-\frac{1}{2}$	0	$\frac{1}{2}$	$\frac{\sqrt{2}}{2}$
$\tan x$	0	$\frac{\sqrt{3}}{3}$	1	$\sqrt{3}$	不存在	$-\sqrt{3}$	-1	0	1	$\sqrt{3}$	不存在	$-\sqrt{3}$	-1
$\cot x$	不存在	$\sqrt{3}$	1	$\frac{\sqrt{3}}{3}$	0	$-\frac{\sqrt{3}}{3}$	-1	不存在	1	$\frac{\sqrt{3}}{3}$	0	$-\frac{\sqrt{3}}{3}$	-1

三角函数基本公式

(1)$\sin^2 x+\cos^2 x=1$　(2)$\tan^2 x+1=\sec^2 x$　(3)$\cot^2 x+1=\csc^2 x$

(4)$\sin 2x=2\sin x\cos x$　(5)$\tan x=\frac{\sin x}{\cos x}$　(6)$\cot x=\frac{\cos x}{\sin x}$

(7)$\cos 2x=\cos^2 x-\sin^2 x=2\cos^2 x-1=1-2\sin^2 x$

指数函数的运算性质

(1)$a^x a^y=a^{x+y}$　(2)$\frac{a^x}{a^y}=a^{x-y}$　(3)$(a^x)^y=a^{xy}$　(4)$(ab)^x=a^x b^x$

对数函数的运算性质

(1)$\log_a x^b=b\log_a x$　(2)$\log_a(xy)=\log_a x+\log_a y$

(3)$\log_a(\frac{x}{y})=\log_a x-\log_a y$　(4)$\log_a b=\frac{1}{\log_b a}$

幂函数的运算性质

(1) $x^a y^a = (xy)^a$ (2) $x^a x^b = x^{a+b}$ (3) $\dfrac{x^a}{x^b} = x^{a-b}$ (4) $(x^a)^b = x^{ab}$

等价无穷小

$\sin x \sim x$ $\tan x \sim x$ $\arcsin x \sim x$

$\arctan x \sim x$ $\ln(1+x) \sim x$ $e^x - 1 \sim x$

$1-\cos x \sim \dfrac{1}{2}x^2$ $\sqrt{1+x}-1 \sim \dfrac{1}{2}x$ $a^x - 1 \sim x\ln a$

基本求导公式

$(C)' = 0$ $(x^\alpha)' = \alpha x^{\alpha-1}$

$(\sin x)' = \cos x$ $(\cos x)' = -\sin x$

$(\tan x)' = \dfrac{1}{\cos^2 x} = \sec^2 x$ $(\cot x)' = -\dfrac{1}{\sin^2 x} = -\csc^2 x$

$(\sec x)' = \sec x \tan x$ $(\csc x)' = -\csc x \cot x$

$(a^x) = a^x \ln a \ (a>0, a\neq 1)$ $(e^x)' = e^x$

$(\arccos x)' = -\dfrac{1}{\sqrt{1-x^2}}$ $(\arcsin x)' = \dfrac{1}{\sqrt{1-x^2}}$

$(\log_a x)' = \dfrac{1}{x}\log_a e = \dfrac{1}{x\ln a} \ (a>0, a\neq 1)$ $(\ln x)' = \dfrac{1}{x}$

$(\arctan x)' = \dfrac{1}{1+x^2}$ $(\text{arccot}\, x)' = -\dfrac{1}{1+x^2}$

函数和、差、积、商的求导法则

设 $u=u(x)$, $v=v(x)$,则

(1) $(u \pm v)' = u' \pm v'$ $(u \cdot v)' = u'v + uv'$

(3) $(Cu)' = Cu'$ (C 为常数) $\left(\dfrac{u}{v}\right)' = \dfrac{u'v - uv'}{v^2} \ (v \neq 0)$

复合函数的求导法则

设 $y=f(u)$,而 $u=\varphi(x)$,则复合函数 $y=f[\varphi(x)]$的导数为

$$y' = y'_u \cdot u'_x \quad \text{或} \quad \frac{dy}{dx} = \frac{dy}{du} \cdot \frac{du}{dx}$$

函数的微分

$$dy=y'dx=f'(x)dx$$

基本积分公式

$\int 0dx = C$　　$\int e^x dx = e^x + C$

$\int a^x dx = \frac{a^x}{\ln a} + C$　　$\int x^\alpha dx = \frac{1}{1+\alpha}x^{\alpha+1} + C\ (\alpha \neq -1)$

$\int \frac{1}{x}dx = \ln|x| + C$　　$\int \cos x dx = \sin x + C$

$\int \sin x dx = -\cos x + C$　　$\int \frac{1}{\cos^2 x}dx = \int \sec^2 x dx = \tan x + C$

$$\int \frac{1}{\sin^2 x}dx = \int \csc^2 x dx = -\cot x + C$$

$$\int \frac{1}{\sqrt{1-x^2}}dx = \arcsin x + C = -\arccos x + C$$

$$\int \frac{1}{1+x^2}dx = \arctan x + C = -\operatorname{arccot} x + C$$

几个常用函数的积分公式

$\int \tan x dx = -\ln|\cos x| + C$　　$\int \frac{dx}{\cos^2 x} = \int \sec^2 x dx = \tan x + C$

$\int \cot x dx = -\ln|\sin x| + C$　　$\int \frac{dx}{\sin^2 x} = \int \csc^2 x dx = -\cot x + C$

$\int \sec x dx = -\ln|\sec x + \tan x| + C$　　$\int \sec x \cdot \tan^2 x dx = \sec x + C$

$\int \csc x dx = \ln|\csc x - \cot x| + C$　　$\int \csc x \cdot \cot x dx = -\csc x + C$

$\int \frac{dx}{a^2+x^2} = \frac{1}{a}\arctan\frac{x}{a} + C$　　$\int a^x dx = \frac{a^x}{\ln a} + C$

$\int \frac{dx}{x^2-a^2} = \frac{1}{2a}\ln\left|\frac{x-a}{x+x}\right| + C$　　$\int \operatorname{sh} x dx = \operatorname{ch} x + C$

$\int \frac{dx}{a^2-x^2} = \frac{1}{2a}\ln\frac{a+x}{a-x} + C$　　$\int \operatorname{ch} x dx = \operatorname{sh} x + C$

$\int \frac{dx}{\sqrt{a^2-x^2}} = \arcsin + \frac{x}{a} + C$　　$\int \frac{dx}{\sqrt{x^2 \pm a^2}} = \ln(x + \sqrt{x^2 \pm a^2}) + C$

$$I_n = \int_0^{\frac{\pi}{2}} \sin^n x \mathrm{d}x = \int_0^{\frac{\pi}{2}} \cos^n x \mathrm{d}x = \frac{n-1}{n} I_{n-2}$$

$$\int \sqrt{x^2 + a^2} \mathrm{d}x = \frac{x}{2} \sqrt{x^2 + a^2} + \frac{a^2}{2} \ln(x + \sqrt{x^2 + a^2}) + C$$

$$\int \sqrt{x^2 - a^2} \mathrm{d}x = \frac{x}{2} \sqrt{x^2 - a^2} - \frac{a^2}{2} \ln\left| x + \sqrt{x^2 - a^2} \right| + C$$

$$\int \sqrt{x^2 + a^2} \mathrm{d}x = \frac{x}{2} \sqrt{x^2 + a^2} + \frac{a^2}{2} \ln(x + \sqrt{x^2 + a^2}) + C$$

$$\int \sqrt{a^2 - x^2} \mathrm{d}x = \frac{x}{2} \sqrt{a^2 - x^2} + \frac{a^2}{2} \arcsin \frac{x}{a} + C$$

基本积分方法

(1) 第一换元积分法(凑微分法)

$$\int f[\varphi(x)]\varphi'(x)\mathrm{d}x = \int f[\varphi(x)]\mathrm{d}\varphi(x)$$

$$\text{令}\underline{\underline{\varphi(x) = u}}\int f(u)\mathrm{d}u$$

$$\underline{\underline{\qquad\qquad}}\int F(u) + C$$

$$\text{回代}\underline{\underline{u = \varphi(x)}}F[\varphi(x)] + C$$

(2) 分部积分法

$$\int u(x)v'(x)\mathrm{d}x = u(x)v(x) - \int u'(x)v(x)\mathrm{d}x$$

$$\int u\mathrm{d}v = uv - \int v\mathrm{d}u$$

定积分应用相关公式

功:$W = F \cdot s$

水压力:$F = p \cdot A$

引力:$F = k\dfrac{m_1 m_2}{r^2}$,$k$ 为引力系数

函数的平均值:$\bar{y} = \dfrac{1}{b-a}\displaystyle\int_a^b f(x)\mathrm{d}x$

均方根:$\sqrt{\dfrac{1}{b-a}\displaystyle\int_a^b f^2(t)\mathrm{d}t}$

附录 4　习题参考答案

习题 1.1

1. (1) $\{x|x>30, x\in\mathbf{R}\}$　(2) $\{(x,y)|x^2+y^2=25, x\in\mathbf{R}, y\in\mathbf{R}|\}$

2. (1) $\{1,2,3,\cdots,8\}$　(2) $\{2,4,8,\cdots,2^n,\cdots\}$　(3) $(0,1,)\cap(2,4)$

3. (1) $(a-\delta, a+\delta)$　(2) $(-1,1)\cup(3,5)$

4. (1) $2, t^2\cdot 4^{t^2-2}, -\dfrac{1}{128}, \dfrac{1}{t}\cdot 4^{\frac{1}{t}}-2$　(2) $t^6+1, (t^3+1)^2, 2$

5. (1) $2, \dfrac{|a-2|}{a+1}(a\neq -1), \dfrac{a+b-2|}{a+b+1}(a+b\neq -1)$　(2) $2,1,2,2,\dfrac{\sqrt{2}}{2}$

(3) $0,0,\dfrac{\sqrt{2}}{2}$

6. (1)相同　(2)不同,定义域不同,$f(x)$的定义域为$(-\infty,+\infty)$,$g(x)$的定义域为$(-\infty,-2)\cup(-2,+\infty)$　(3)不同,定义域不同,$f(x)$的定义域为$(0,+\infty)$,$g(x)$的定义域为$(-\infty,0)\cup(0,+\infty)$　(4)相同

7. (1) $\{x|x\neq 1$ 且 $x\neq 2, x\in\mathbf{R}\}$　(2) $\left[-\dfrac{4}{3},0\right]$　(3) $[-|a|,|a|]$

(4) $\{x|x\geqslant -4$ 且 $x\neq\pm 1, x\in\mathbf{R}\}$　(5) $(-\infty,0)\cup(2,+\infty)$

(4) $[-4,-\pi]\cup[0,\pi]$

8. $y=-\dfrac{1}{2}x^2+4x$

9. (1)定义域$(-\infty,+\infty)$,图略.　(2)定义域$[-2,4]$,图略.

10. (1) $f(x)=\begin{cases}1, & x>4\\ -1, & x<4\end{cases}$,定义域$(-\infty,4)\cup(4,+\infty)$.

(2) $f(x)=\begin{cases}2x-4, & x\geqslant 4\\ 4, & x<4\end{cases}$,定义域$(-\infty,+\infty)$.

(3) $f(x)=\begin{cases}x^2-1, & x\geqslant 1 \text{ 或 } x\leqslant -1\\ 1-x^2, & -1<x<1\end{cases}$,定义域$(-\infty,+\infty)$.

11. (1) $f(x)$在$(-\infty,+\infty)$上单调递增　(2) $f(x)$在$(-\infty,+\infty)$上单调递减增.

(3)当 $a>1$ 时,$f(x)$在$(0,+\infty)$上单调递增;当 $0<a<1$ 时,$f(x)$在$(0,+\infty)$上单调递减.

12.(1)偶函数 (2)奇函数 (3)奇函数

(4)偶函数 (5)奇函数 (6)非奇非偶函数

13. $\frac{2\pi}{3}$

14.(1) $y=\frac{x-1}{2}$ (2) $y=\frac{2x+2}{x-1}$ (3) $y=\sqrt[3]{x-2}$ (4) $y=10^{x-1}-2$

15.因为 $y=\frac{x^2+1-1}{x^2+1}=1-\frac{1}{x^2+1}$, $0<\frac{1}{x^2+1}\leqslant 1$, $1\leqslant -\frac{1}{x^2+1}<0$,所以 $0\leqslant y\leqslant 1$,即 y 是有届函数.

习题 1.2

1.(1)定义域为 $(2k\pi,2k\pi+\pi)$ (2)定义域为 $(-\infty,+\infty)$

(3)定义域为 $(0,+\infty)$ (4)定义域为 $(0,+\infty)$

(5)定义域为 $(0,+\infty)$ (6)定义域为 $(-\infty,0)\cup(0,+\infty)$

2.(1) $\left[-\frac{\pi}{2},\frac{\pi}{2}\right]$ (2) $[\pi,2\pi]$ (3) $\left[-\frac{\pi}{2},\frac{\pi}{2}\right]$ (4) $(0,+\infty)$

3.略 4. $R(x)=\begin{cases}400x, & 0\leqslant x\leqslant 1000\\ 400x-40x, & 1000<x\leqslant 1200\\ 1200(400-40), & x>1200\end{cases}$

5. $R(x)=\begin{cases}130x, & 0\leqslant x\leqslant 700\\ 700\cdot 130+(x-700)\cdot 130\cdot 90\%, & 700<x\leqslant 1000\end{cases}$

6.略 7.略 8.略

9. $y=(\log_a x)^3=\log_a^3 x$ 10. $y=\sqrt{2+\cos^2 x}$

11.(1) $y=\sqrt{u}$, $u=3x-1$ (2) $y=a\sqrt[3]{u}$, $u=1+x$

(3) $y=u^5$, $u=1+\ln x$ (4) $y=e^u$, $u=e^v$, $v=-x^2$

(5) $y=\sqrt{u}$, $u=\ln v$, $v=\sqrt{x}$ (6) $y=u^2$, $u=\lg v$, $v=\arccos w$, $w=x^3$

12.当 $a=2$ 时, $y=\lg(2-\sin x)$ 是复合函数,其定义域为 $(-\infty,+\infty)$;当 $a=\frac{1}{2}$ 时, $y=\lg\left(\frac{1}{2}-\sin x\right)$ 是复合函数,其定义域为 $\left[2k\pi,2k\pi+\frac{\pi}{6}\right]\cup\left[2k\pi+\frac{5\pi}{6},2k\pi+2\pi\right]$ $(k\in\mathbf{Z})$;当 $a=-2$ 时, $y=\lg(-2-\sin x)$ 不是复合函数.

习题 2.1

1.(1)有极限,极限值为 0 (2)有极限,极限值为 0

(3)有极限,极限值为 2 (4)有极限,极限值为 1

(5)无极限 (6)有极限,极限值为 1

2.(1)1 (2) $n>4$ 3.图略, $\lim\limits_{x\to 3^-}f(x)=3$, $\lim\limits_{x\to 3^+}f(x)=8$. 4.略

5. $\lim\limits_{x\to1^-}f(x)=-1,\lim\limits_{x\to1^+}f(x)=1$,因为$\lim\limits_{x\to1^-}f(x)\neq\lim\limits_{x\to1^+}f(x)$,所以$\lim\limits_{x\to1}f(x)$不存在.

6.(1)是　(2)是　(3)是　(4)是

7. $x\to\infty,x\to3$　8. $100x^2,\sqrt[3]{x},\frac{x}{0.01},\frac{x^2}{x},x^2+0.01x,\frac{1}{2}x-x^2,\sin x$

9. $\sqrt[3]{x^2},x^2+0.01x,\ln x$

习题 2.2

1.(1)0　(2)0　(3)$\frac{1}{2}$　(4)1　(5)$\frac{1}{3}$　(6)$\frac{1-b}{1-a}$　(7)1

2.(1)1　(2)$\frac{1}{6}$

3.(1)-9　(2)2　(3)0　(4)$\frac{2}{3}$　(5)$\frac{1}{2}$　(6)$2x$　(7)2　(8)$\frac{1}{2}$　(9)-1　(10)$\frac{3}{2}$　(11)2　(12)$\frac{2^{10}}{3^{20}}$

4.(1)3　(2)$\frac{m}{n}$　(3)π　(4)1　(5)1　(6)$\sqrt{2}$　(7)∞　(8)1

5.(1)e　(2)e^2　(3)e^{-3}　(4)e^{-1}　(5)e^{-2}　(6)e

6.(1)$\frac{1}{2}$　(2)1　(3)1　(4)1　(5)1　(6)1

7.(1)$a=1,b=-1$　(2)$a=1,b=-\frac{1}{2}$

(3)$a=1,b=-2$　(4)$a=-7,b=6$

习题 2.3

1.(1)$\frac{1}{3}$　(2)$\frac{34}{99}$　(3)$\frac{125}{999}$　(4)$\frac{67}{99}$

2. $50(1+6.5\%)^1\approx53.25,50\left(1+\frac{6.5\%}{10}\right)^{10}\approx53.347,50e^{6.5\%\cdot1}\approx53.358$

3. $A_{20}=1000e^{6\%\cdot20}\approx3320.117$　4. $A_0=704.83e^{-7\%\cdot10}\approx350.008$

5. $A_0=1000e^{-6.5\%\cdot20}\approx2725.318$　6. $A_5=N\cdot e^{v\cdot5}$

7. $A_5=1000e^{-0.5\%\cdot5}\approx975.31$　8. 略

习题 2.4

1.(1)$(-\infty,2),1$　(2)$[4,6]2$　(3)$(0,1],\ln\frac{\pi}{6}$

(4)$(1,2)\cup(2,+\infty),1$　(5)$\left[-\frac{\pi}{2},\frac{\pi}{2}\right],3$

2.(1)$x=-1$　(2)$x=-1$　(3)$x=k\pi,k\in\mathbf{Z}$　(4)$x=\pm1$

3. 在 $x=0$ 不连续，在 $x=1$ 连续

4. 不连续 5. $f(0)=\frac{3}{2}$ 6(1)$a=8$ (2)$a=1$

习题 3.1

1. (1)25, 25.5, 25.05 (2)20

2. (1)95 (2)20 (3)185

3. (1)$-f'(x_0)$ (2)$f'(x_0)$ (3)$2f'(x_0)$ (4)$2f'(x_0)$

4. (1)$f'(4)=8, \mathrm{d}y|_{x=4}=8\mathrm{d}x$ (2)$f'(1)=\frac{1}{2}, \mathrm{d}y|_{x=1}=\frac{1}{2}\mathrm{d}x$

(3)$f'(0)=3, \mathrm{d}y|_{x=0}=3\mathrm{d}x$ (4)$f'(1)=1, \mathrm{d}y|_{x=1}=\mathrm{d}x$

5. (1)可导 (2)不可导 6. $a=2, b=-1$ 7. (1)$f'(0)$ (2)$f'(a)$

习题 3.2

1. (1)$y'=12x^3-1, \mathrm{d}y=y'\mathrm{d}x=(12x^3-1)\mathrm{d}x$

(2)$y'=9x^2+3^x\ln 3+\frac{1}{x\ln 3}, \mathrm{d}y=y'\mathrm{d}x=\left(9x^2+3^x\ln 3+\frac{1}{x\ln 3}\right)\mathrm{d}x$

(3)$y'=4x-3, \mathrm{d}y=y'\mathrm{d}x=(4x-3)\mathrm{d}x$

(4)$y'=\frac{5}{2\sqrt{x}}+\frac{1}{x^2}, \mathrm{d}y=y'\mathrm{d}x=\left(\frac{5}{2\sqrt{x}}+\frac{1}{x^2}\right)\mathrm{d}x$

(5)$y'=\frac{1-x^2}{(1+x^2)^2}, \mathrm{d}y=y'\mathrm{d}x=\frac{1-x^2}{(1+x^2)}\mathrm{d}x$

(6)$y'=\frac{2}{x(1-\ln x)^2}, \mathrm{d}y=y'\mathrm{d}x=\frac{2}{x(1-\ln x)^2}\mathrm{d}x$

(7)$y'=2x\ln x+\frac{1}{x}+x, \mathrm{d}y=y'\mathrm{d}x=\left(2x\ln x+\frac{1}{x}+x\right)\mathrm{d}x$

(8)$y'=(2x-1)\sin x+x^2\cos x, \mathrm{d}y=y'\mathrm{d}x=[(2x-1)\sin x+x^2\cos x]\mathrm{d}x$

(9)$y'=\frac{1}{\sqrt{x}}\left(\frac{1}{1+x^2}-\frac{\arctan x}{2x}\right), \mathrm{d}y=y'\mathrm{d}x=\frac{1}{\sqrt{x}}\left(\frac{1}{1+x^2}-\frac{\arctan x}{2x}\right)\mathrm{d}x$

(10)$y'=\frac{1}{1+\cos x}, \mathrm{d}y=y'\mathrm{d}x=\frac{1}{1+\cos x}\mathrm{d}x$

(11)$y'=\tan x+x\sec^2 x+\csc^2 x, \mathrm{d}y=y'\mathrm{d}x=(\tan x+x\sec^2+\csc^2 x)\mathrm{d}x$

(12)$y'=\sec x+x\sec x\tan x+\csc x\cot x$,

$\mathrm{d}y=y'\mathrm{d}x=(\sec x+x\sec x\tan x+\csc x\cot x)\mathrm{d}x$

(13)$y'=(\sin x-x\cos x)\left(\frac{1}{\sin^2 x}-\frac{1}{x^2}\right)$,

$\mathrm{d}y=y'\mathrm{d}x=(\sin x-x\cos x)\left(\frac{1}{\sin^2 x}-\frac{1}{x^2}\right)\mathrm{d}x$

(14) $y'=\dfrac{e^x\left(1+\dfrac{1}{x}-x-\ln x\right)+1-\ln x}{(e^x+x)^2}$,

$dy=y'dx=\dfrac{e^x\left(1+\dfrac{1}{x}-x-\ln x\right)+1-\ln x}{(e^x+x)^2}dx$

(15) $y'=-\dfrac{1}{\sqrt{1-x^2}(\arcsin x)^2}$, $dy=y'dx=-\dfrac{1}{\sqrt{1-x^2}(\arcsin x)^2}dx$

(16) $y'=\dfrac{2\ln 10\cdot 10^x}{(10^x+1)^2}$, $dy=y'dx=\dfrac{2\ln 10\cdot 10^x}{(10^x+1)^2}dx$

(17) $y'=e^x(3x^2+5x)$, $dy=y'dx=e^x(3x^2+5x)dx$

(18) $y'=\dfrac{\text{arccot}x}{2\sqrt{x}}-\dfrac{\sqrt{x}}{1+x^2}$, $dy=y'dx=\left(\dfrac{\text{arccot}x}{2\sqrt{x}}-\dfrac{\sqrt{x}}{1+x^2}\right)dx$

2. $-\dfrac{1}{4}$, $-\dfrac{1}{2}$, $-\dfrac{11}{18}$, $-\dfrac{1}{4}dx$, $-\dfrac{11}{18}dx$

3. (1) $y'=8x(2x^2-3)$, $dy=y'dx=8x(2x^2-3)dx$

(2) $y'=\dfrac{x}{\sqrt{a^2+x^2}}$, $dy=y'dx=\dfrac{x}{\sqrt{a^2+x^2}}dx$

(3) $y'=2\cos(5+2x)$, $dy=y'dx=2\cos(5+2x)dx$

(4) $y'=\dfrac{2}{x}\ln x$, $dy=y'dx=\dfrac{2}{x}\ln x dx$

(5) $y'=\dfrac{2x}{x^2-a^2}$, $dy=y'dx=\dfrac{2x}{x^2-a^2}dx$

(6) $y'=\dfrac{2x}{1+x^4}$, $dy=y'dx=\dfrac{2x}{1+x^4}dx$

(7) $y'=\dfrac{1}{2\sqrt{1-\left(\dfrac{1+x}{2}\right)^2}}$, $dy=y'dx=\dfrac{1}{2\sqrt{1-\left(\dfrac{1+x}{2}\right)^2}}dx$

(8) $y'=-\dfrac{1}{1+x^2}$, $dy=y'dx=-\dfrac{1}{1+x^2}dx$

(9) $y'=\dfrac{1}{1+x^2}$, $dy=y'dx=\dfrac{1}{1+x^2}dx$

(10) $y'=\dfrac{1}{x\ln x}$, $dy=y'dx=\dfrac{1}{x\ln x}dx$

(11) $y'=2x\cos x^2+\sin 2x$, $dy=y'dx=(2x\cos x^2+\sin 2x)dx$

(12) $y'=\dfrac{1}{x}\cos\ln x$, $dy=y'dx=\dfrac{1}{x}\cos\ln x dx$

(13) $y'=2xe^{x^2}$, $dy=y'dx=2xe^{x^2}dx$

(14) $y'=\frac{2x}{\ln3(x^2+1)}, \mathrm{d}y=y'\mathrm{d}x=\frac{2x}{\ln3(x^2+1)}\mathrm{d}x$

(15) $y'=-\sqrt{3}\sin x(4+\cos x)^{\sqrt{3}-1}, \mathrm{d}y=y'\mathrm{d}x=-\sqrt{3}\sin x(4+\cos x)^{\sqrt{3}-1}\mathrm{d}x$

(16) $y'=\sec2^x\cdot\tan2^x\cdot2^x\ln2, \mathrm{d}y=y'\mathrm{d}x=\sec2^x\cdot\tan2^x\cdot2^x\ln2\mathrm{d}x$

(17) $y'=\frac{\mathrm{e}^x}{\sqrt{1-\mathrm{e}^{2x}}}, \mathrm{d}y=y'\mathrm{d}x=\frac{\mathrm{e}^x}{\sqrt{1-\mathrm{e}^{2x}}}\mathrm{d}x$

(18) $y'=-n\sin nx, \mathrm{d}y=y'\mathrm{d}x=-n\sin nx\mathrm{d}x$

4. (1) $f'(x)=\frac{5}{(5-x)^2}+\frac{2}{5}x, f'(\pi)=\frac{5}{(5-\pi)^2}+\frac{2}{5}\pi,$

$f'(-\pi)=\frac{5}{(5+\pi)^2}-\frac{2}{5}\pi$

(2) $f'(x)=\frac{2}{1+x^2}, f'(1)=1$

(3) $f'(x)=\mathrm{e}^x(\cos3x-3\sin3x), f'(0)=1$

(4) $f'(x)=\frac{1}{\sqrt{x^2-a^2}}, f'(2a)=\frac{\sqrt{3}}{3a}$

5. (1) $y''=4-\frac{1}{x^2}$ (2) $y''=\mathrm{e}^{\sqrt{x}}\left(\frac{1}{4x}-\frac{1}{4}x^{-\frac{3}{2}}\right)$ (3) $y''=-2\cos2x$

(4) $y''=-\mathrm{e}^{-x}(\cos x+\sin x)$ (5) $y''=6x^2$

(6) $y''=\frac{2}{\sqrt{2x-3}}-(2x-3)^{-\frac{3}{2}}$

(7) $y''=-\frac{1}{x^2\ln x}\left(\frac{1}{\ln x}+1\right)$ (8) $y''=\frac{2}{(1+x^2)^2}$ (9) $y''=\frac{-2(1+x^2)}{(1-x^2)^2}$

(10) $y''=\frac{2}{1-x^2}+2\arcsin x(1-x^2)^{-\frac{3}{2}}$

6. 略 7. (1) $y^{(n)}=(\ln2)^n2^x$ (2) $y^{(n)}=a^n\mathrm{e}^{ax}$

(3) $y^{(n)}=(-1)^{n-2}x^{-(n-1)}(n-2)!$ (4) $y^{(n)}=n!$

8. $(1,0)(-1,-4)$ 9. $t=0,4,8$ 10. $a(1)=-\frac{\sqrt{3}}{2}\pi^2$

11. (1) $y'=\frac{x}{\sqrt{1+x^2}}\cdot\arctan x^3+\sqrt{1+x^2}\cdot\frac{3x^2}{1+x^6}$ (2) $y'=\frac{-\arccos x}{x^2}$

(3) $y'=\frac{\mathrm{e}^x}{\sqrt{1+\mathrm{e}^{2x}}}$ (4) $y'=\frac{x}{\sqrt{1+x^2}}\mathrm{e}^{\sqrt{1+x^2}}$

(5) $y'=-4x\arcsin(1-x^2)\frac{1}{\sqrt{2x^2-x^4}}$ (6) $y'=2\sqrt{1-x^2}$

(7) $y'=\dfrac{x^2}{(\cos x+x\sin x)^2}$ (8) $y'=\sin x\ln x+x\cos x\ln x+\sin x$

习题 3.3.1

1. 切线方程为 $y-f(x_0)=f'(x_0)(x-x_0)$，法线方程为 $y-f(x_0)=-\dfrac{1}{f'(x_0)}(x-x_0)$.

2. (1)切线方程为 $y=x+1$，法线方程为 $y=1-x$；

(2)切线方程为 $y=12-4x$，法线方程为 $y=\dfrac{1}{4}x+\dfrac{7}{4}$；

(3)切线方程为 $y=1$，法线方程为 $x=0$；

(4)切线方程为 $y=x-1$，法线方程为 $y=1-x$；

(5)切线方程为 $y=\dfrac{1}{2}x+2$，法线方程为 $y=-2x+7$；

3. $(2,8),(-2,-8)$ 4. $R(100)=19900,\dfrac{R(100)}{100}=199,R'(100)=198$

5. $C'(x)=\dfrac{1}{\sqrt{x}},R'(x)=\dfrac{5}{(x+1)^2},L'(x)=\dfrac{5}{(x+1)^2}-\dfrac{1}{\sqrt{x}}$

6. $V(t)=-ak\mathrm{e}^{-kt},a(t)=ak^2\mathrm{e}^{-kt},V(0)=-ak,a(0)=ak^2$

7. $t=0,4,8$ 8. $a(1)=-\dfrac{\sqrt{3}}{2}\pi^2$ 9. (1)1.0033 (2) $\dfrac{1}{2}-\dfrac{\sqrt{3}\pi}{360}$

(3) $-\dfrac{\sqrt{3}}{2}-\dfrac{\pi}{360}$ (4) $2+\dfrac{1}{192}$ (5) $1.001\mathrm{e}^2$ (6) $\dfrac{\sqrt{3}}{3}\left(1-\dfrac{\pi}{45}\right)$

10. 17,8.25,1.61,16,8,1.6 11. 3.14 12. 50π

习题 3.3.2

1. (1)0 (2)2 (3) $\dfrac{1}{2}$ (4) $\dfrac{10}{3}$ (5) $\ln 3-\ln 2$ (6)0 (7) $\dfrac{1}{6}$ (8)2

(9)1 (10)2 (11) $\dfrac{2}{\pi}$ (12) $\dfrac{1}{3}$ (13)3 (14) $\dfrac{1}{2}$ (15) -1 (16) $-\dfrac{1}{2}$

2. (1)非未定式 (2) $\lim\limits_{x\to x_0}\dfrac{f'(x)}{g'(x)}$不存在 (3) $\lim\limits_{x\to x_0}\dfrac{f'(x)}{g'(x)}$不存在

(4) $\lim\limits_{x\to x_0}\dfrac{f'(x)}{g'(x)}$不存在

3. (1) $f''(a)$ (2)1 4. 略

习题 3.3.3

1. 略 2. (1)A (2)D

3. (1)函数的单调递增区间为 $(-\infty,-1)$ 和 $(1,+\infty)$，单调递减区间为 $(-1,1)$，极大值为 $f(-1)=3$，极小值为 $f(1)=-1$.

(2)函数的单调递增区间为$(-1,1)$，单调递减区间为$(-\infty,-1)$和$(1,+\infty)$，极大值为$f(1)=\frac{1}{2}$，极小值为$f(-1)=-\frac{1}{2}$.

(3)函数的单调递增区间为$(0,e)$，单调递减区间为$(e,+\infty)$，极大值为$f(e)=\frac{1}{e}$，无极小值.

(4)函数的单调递增区间为$(-\infty,-\sqrt{2})$和$(\sqrt{2},+\infty)$，单调递减区间为$(-\sqrt{2},\sqrt{2})$，极大值为$f(-\sqrt{2})=(2+2\sqrt{2})e^{-\sqrt{2}}$，极小值为$f(\sqrt{2})=(2-2\sqrt{2})e^{\sqrt{2}}$.

(5)函数的单调递增区间为$(3,+\infty)$，单调递减区间为$(-\infty,3)$，无极大值，极小值为$f(3)=-6$.

(6)函数的单调递增区间为$(-\infty,0)$，单调递减区间为$(0,+\infty)$，极大值为$f(0)=-1$，无极小值.

(7)函数的单调递增区间为$(-\infty,0)$，单调递减区间为$(0,+\infty)$，极大值为$f(0)=1$，无极小值.

(8)函数的单调递增区间为$(-\infty,-1)$和$(-1,0)$，单调递减区间为$(0,1)$和$(1,+\infty)$，极大值为$f(0)=-1$，无极小值.

(9)函数的单调递增区间为$(1,+\infty)$，单调递减区间为$(-\infty,1)$，无极大值，极小值为$f(1)=0$.

(10)函数在$(-\infty,+\infty)$单调递减，无极值.

4. $a=-5, b=7$，是极大值点　　5. $a=2$，极大值

6. 不可导，有极值，极小值 $y(0)=1$　　7. 略　　8. 略

习题 3.3.4

1. D

2. (1)最大值为$f\left(\frac{5}{2}\right)=\frac{3}{8}$，最小值为$f(0)=-4$.

(2)最大值为$f\left(\frac{\sqrt{3}}{3}\right)=\frac{2\sqrt{3}}{9}$，最小值为$f(0)=f(0)=0$.

(3)最大值为$f(1)=\frac{3}{8}$，最小值为$f(2)=4$.

(4)最大值为$f(-4)=16e^4$，最小值为$f(0)=0$.　　(5)无最值.

3. $x=1$　　4. $h=r=\sqrt[3]{\frac{V}{\pi}}$　　5. $Q=15$　　6. $x=1$　　7. $x=2000$

8. $x=27, p=16$　　9. $r=\frac{\sqrt{6}}{3}R, h=\frac{\sqrt{3}}{3}R$　　10. $x=800$

11. (1) $S=10r-2r^2-\frac{1}{2}\pi r^2$　(2) $r=\frac{10}{4+\pi}$　12. $x=10\sqrt{20}$

13. 正面 10, 侧面 15　14. $x=5$　15. $x=\frac{9}{5}$, 或 $x=\frac{6}{5}$

习题 4.1

1. (1) 对, 图略　(2) 错, 图略　(3) 对, 图略　(4) 对, 图略

2. (1) $\frac{\pi}{2}$, 图略　(2) $\frac{3}{2}$, 图略　(3) 0, 图略　(4) 0, 图略

3. (1) 错　(2) 错　(3) 对　(4) 对

4. (1) $[4,9]$　(2) $\left[\frac{2}{e},2\right]$　(3) $[1,e]$　(4) $[0,4\ln 5]$　(5) $[0,e]$

(6) $[0,1]$

习题 4.2.1

1. (1) $\sin x+\cos x+C$, $\sin x-\cos x+C$　(2) x^2e^x

(3) $e^{-x}+C$, $-e^{-x}+C$, $-x+C$

2. (1) D　(2) B　(3) C　(4) B　(5) C

3. $\frac{11}{6}$　4. (1) 6　(2) 4　(3) 2　(4) $\frac{1}{\ln 2}+\frac{1}{3}$　(5) $\frac{38}{3}+\frac{65}{2}$

(6) 1　(7) $1+\frac{\pi}{4}-\arctan 2$　(8) $\frac{8}{5}-\frac{2}{5}\sqrt{2}$　(9) $\frac{\pi}{2}$　(10) $1-\frac{\pi}{4}$

(11) $\frac{1}{2}+\frac{\pi}{4}-\arctan 2$　(12) 2　(13) $e-2$　(14) 2　(15) $\sqrt{2}-2$　(16) $-\frac{1}{2(\ln 3-\ln 4)}+\frac{3}{2\ln 2}$

习题 4.2.2

1. (1) $-\frac{1}{2(2x+3)}+C$, $\frac{1}{15}$　(2) $\frac{1}{2}\sqrt{4x+3}+C$, $\frac{1}{2}(\sqrt{7}-\sqrt{3})$

(3) $\frac{1}{2}\ln(x^2+4)+C$, $\frac{1}{2}(\ln 13-\ln 8)$

2. (1) $\frac{1}{4}\cos(5-4x)+C$　(2) $\frac{1}{4\ln 10}10^{4x}+C$　(3) $\ln(e^x+1)+C$

(4) $\frac{1}{12}(4x^2-1)^{\frac{3}{2}}+C$　(5) $\frac{1}{3}\ln^3 x+C$　(6) $\ln|\ln x|+C$

(7) $\sin e^x+C$　(8) $2e^{\sqrt{x}}+C$　(9) $\frac{1}{2}\sin x^2+C$

(10) $\cos\frac{1}{x}+C$　(11) $-\frac{1}{4}\cos^4 x+C$　(12) $\sin x-\frac{1}{5}\sin^5 x+C$

(13) $\arctan\ln x+C$　(14) $\frac{3}{8}x-\frac{1}{2}\sin 2x+\frac{1}{32}\sin 4x+C$

(15) $\arcsin(2x)+C$

(16) $\frac{1}{12}\ln\left|\frac{3+2x}{3-2x}\right|+C$ (17) $e^{\arctan x}+C$ (18) $\sin(\arcsin x)+C=x+C$

3. (1) $\frac{1}{2}\ln 5$ (2) $\frac{\pi}{4}-\frac{1}{2}$ (3) 1 (4) $e-\sqrt{e}$ (5) $\frac{2}{3}\left(2^{\frac{3}{2}}-1\right)$

(6) $\frac{1}{3}$ (7) $\frac{1}{3}$ (8) $\frac{1}{2}$ (9) 2 (10) $\arctan e^2-\frac{\pi}{4}$

4. (1)设 $t=a+b-x$ (2)设 $t=1-x$ (3)设 $t=\pi-x$ (4)设 $t=x^3$

习题 4.2.3

1. (1) $\frac{x}{4}\sin 4x+\frac{1}{16}\cos 4x+C$ (2) $x^2\sin x+2x\cos x-2\sin x+C$

(3) $x\arcsin x+\sqrt{1-x^2}+C$ (4) $-\frac{x}{4}e^{-4x}-\frac{1}{16}e^{-4x}+C$

(5) $\frac{1}{5}e^x(\cos 2x+2\sin 2x)+C$ (6) $-x^2\cos x+2x\sin x+2\cos x+C$

(7) $\frac{1}{3}x^3\ln x-\frac{1}{9}x^3+C$ (8) $-\frac{1}{x}\ln x-\frac{1}{x}+C$

(9) $x\ln^2 x-2(x\ln x-x)+C$ (10) $x\ln(x^2+1)-2x+2\arctan x+C$

2. (1) 1 (2) $\frac{1}{2}b^2\ln b-\frac{1}{4}(b^2-1)$ (3) 1 (4) $\frac{2}{3}-\frac{1}{3}\ln 3$

(5) 1 (6) $\pi-2$ (7) $-\frac{\pi}{4}$ (8) $\frac{3}{8}\pi-\frac{1}{2}$

习题 4.3

1. (1) $\frac{32}{3}$ (2) $\frac{32}{3}$ (3) 1 (4) $\frac{3}{2}-\ln 2$ (5) $\frac{1}{3}$

(6) $\frac{1}{6}$ (7) $\frac{3}{8}$ (8) $\frac{2}{3}$ (9) $2+\ln 2$ (10) 2π

2. (1) $V_x=\frac{32\pi}{5}, V_y=8\pi$ (2) $V_x=\frac{4\pi}{5}, V_y=\frac{\pi}{2}$ (3) $V_x=\frac{\pi^2}{2}, V_y=2\pi^2$

(4) $V_x=\frac{8\pi}{3}, V_y=\frac{8\pi}{3}$ (5) $V_x=160\pi^2$ (6) $V_y=\frac{3\pi^2}{10}$

(7) $V_x=\frac{128\pi}{5}, V_y=\frac{8\pi}{3}$ (8) $V_x=\frac{16\pi}{15}, V_y=3\pi$

3. $\frac{172}{3}$ 4. $C(Q)=Q^3-59Q^2+1315Q+2000$

5. (1) $R(Q)=200Q-\frac{Q^2}{100}$

(2) $R(200)=39600$ (3) $\int_{200}^{100}\left(200-\frac{Q}{50}\right)dQ=39800$

6. (1) $C(Q)=0.2Q^2+2Q+20$

(2)$L(Q) = -0.2Q^2 + 16Q - 20(Q \geqslant 0)$

(3)$Q = 40, L(40) = 300$

7. $Q = 3, L(3) = 3$　　8. (1)$x = 8$　(2)2500　　9. 1

10. $P = \int_0^h x\left(a + \frac{b-a}{h}x\right)dx = \frac{1}{6}(a + 2b)h^2$

11. $M = \int_0^{15} x \cdot \frac{4}{3}(15 - x)dx = 750$(吨)

12. $Q = \int_0^{100} 300(18 + 0.3\sqrt{t})dt = 65400$(元)

参考文献

1. 刘书田等.高等数学.北京:北京大学出版社,2002
2. 李志煦等.经济数学基础(微积分).北京:高等教育出版社,1988
3. (加)史迪沃特(Stewart,J).白峰杉主译.微积分.北京:高等教育出版社,2004
4. 韩云瑞.高等数学.北京:中国财政经济出版社,1998
5. 吴迪光,张彬.微积分.杭州:浙江大学出版社,2003
6. 谢国瑞.高等数学(微积分).上海:华东理工大学出版社,1998
7. 侯风波,相秀芬.应用数学.北京:机械工业出版社,2006
8. 郑阿奇.Matlab 实用教程.北京:电子工业出版社,2004
9. 杨启凡,方道元.数学建模.杭州:浙江大学出版社,1999
10. 许波,刘征.Matlab 工程数学应用.北京:清华大学出版社,2000

图书在版编目（CIP）数据

微积分 / 俞瑞钊主编. —杭州：浙江大学出版社，2007.8(2009.12 重印)
（高等数学模块化系列教材）
ISBN 978-7-308-05394-5

Ⅰ.微… Ⅱ.俞… Ⅲ.微积分－高等学校－教材 Ⅳ.0172

中国版本图书馆 CIP 数据核字（2007）第 092613 号

微 积 分

周 念 王显金 单一峰 编

责任编辑 李玲如
封面设计 丁文英
出版发行 浙江大学出版社
（杭州市天目山路 148 号 邮政编码 310028）
（网址：http://www.zjupress.com）
排　　版 杭州中大图文设计有限公司
印　　刷 浙江中恒世纪印务有限公司
开　　本 787mm×960mm 1/16
印　　张 11
字　　数 192 千
版 印 次 2007 年 8 月第 1 版 2009 年 12 月第 3 次印刷
书　　号 ISBN 978-7-308-05394-5
定　　价 16.00 元